青少年
网络文明素养

主　编　卿志军　　副主编　蒋美玲

中国传媒大学出版社
·北京·

图书在版编目(CIP)数据

青少年网络文明素养 / 卿志军主编;蒋美玲副主编. --
北京:中国传媒大学出版社, 2025.7. -- ISBN 978-7
-5657-3983-5

Ⅰ. TP393

中国国家版本馆 CIP 数据核字第 2025P3U767 号

青少年网络文明素养
QINGSHAONIAN WANGLUO WENMING SUYANG

主　　编	卿志军
副 主 编	蒋美玲
责任编辑	姜颖昳　李明远　程　平
封面设计	大鹏设计
责任印制	秦　英
出版发行	中国传媒大学出版社
社　　址	北京市朝阳区定福庄东街 1 号　　邮　编　100024
电　　话	86-10-65450528　65450532　　传　真　65779405
网　　址	http://cucp.cuc.edu.cn
经　　销	全国新华书店
印　　刷	北京中科印刷有限公司
开　　本	787mm×1092mm　1/16
印　　张	8.25
字　　数	134 千字
版　　次	2025 年 7 月第 1 版
印　　次	2025 年 7 月第 1 次印刷
书　　号	ISBN 978-7-5657-3983-5　　定　价　42.00 元

本社法律顾问:北京嘉润律师事务所　郭建平

前言

当今时代，网络改变了人们接触、接收信息的方式，也改变了人们的生产生活方式和观念，尤其是移动互联网已经深深嵌入每一个人的日常生活、工作和学习中。可以说，不是我们的日常活动决定了网络的应用，而是网络的应用决定了我们的日常活动。在此背景下，青少年作为网络中的"原住民"，网络伴随着他们成长，他们也是网络中最为活跃的成员，他们在虚拟的数字海洋中遨游，畅享着网络带来的便捷与新奇，从浩瀚无垠的知识宝库到丰富多彩的社交平台，网络对他们的影响太大了。

然而，在这丰富多彩的网络世界里，也潜藏着诸多暗礁与漩涡。信息的洪流泥沙俱下，虚假信息和谣言扰乱着青少年的认知和视野，让他们在辨别真假时迷茫无措；低俗内容如毒瘤般蔓延，侵蚀着青少年的心灵，让他们分辨美丑善恶的标准逐渐模糊；网络暴力的阴影如鬼魅般徘徊，无情地伤害着青少年的情感，在他们的心灵深处留下难以磨灭的伤痕；青少年沉迷网络的现象屡见不鲜，某种程度上，网络如同无形的枷锁，禁锢了青少年追求现实梦想的脚步，使他们在虚拟的世界中迷失了前行的方向。2024年中国网络文明大会召开期间，由中国网络社会组织联合会、中国社会科学院大学互联网法治研究中心合作编撰的《未成年人网络保护年度报告2024》提出建议，面向未来的未成年人网络保护体系构建，需要从多方共治、技术创新、素养教育等多维度展开，推动未成年人网络保护与家庭保护、学校保护、社会保护、政府保护、司法保护有机结合，加强未成年人网络保护教育，提高家长参与度，提升公众意识，形成全社会共同关注、共同参与的良好氛围，教育引导未成年人正确使用和探索网络世界，学会在网络空间中保护自己、发展自我。

正是基于这样的时代背景和现实忧虑，我们精心编撰了这本《青少年网络文明素养》，它承载着我们对青少年健康成长的殷切期望，希望本书能够引领青少年穿越网络世界的迷雾，踏上文明、理性、安全的网络之旅。

  在本书中，我们以深入浅出的笔触全面剖析了网络世界的复杂生态。全书分为三篇：第一篇"认识网络及网络文明"；第二篇"网络文明失范行为及防范"；第三篇"网络服务生活和学习"。其中，第二篇分析了网络犯罪、网络谣言、网络暴力、网络成瘾等几种突出的网络失范现象。作者穿插了一些真实的案例，生动地阐述了网络的利弊，以期让青少年真切地感受到网络的魅力与陷阱，帮助青少年建立起对于网络失范的防范意识，使其明白在网络世界中自由并非无拘无束，而是需要在法律和道德的框架内驰骋。当然，我们还悉心向青少年传授了各种实用的网络技能与应对策略，从精准筛选优质信息服务于自己的工作和学习到巧妙化解网络社交中的尴尬与冲突，从合理安排上网时间到筑牢个人隐私的防护堡垒，全方位提升青少年在网络空间中的生存能力和自我保护意识。

  我们衷心希望，青少年在翻开这本书时，能够以一种全新的视角重新审视网络世界，将其视为一片有待耕耘的肥沃土地，而非肆意放纵的混沌乐园。愿青少年在这片土地上播撒下文明的种子，用理性的清泉浇灌，以自律的阳光照耀，茁壮成长为参天大树。我们衷心希望，网络成为他们汲取知识养分、拓宽视野、展现青春风采的广阔舞台，而非阻碍他们前行的荆棘与陷阱。愿青少年在网络时代的浪潮中，稳稳地驾驭知识与文明的扁舟，驶向充满希望与光明的未来，书写属于自己的辉煌篇章，成为网络世界中闪耀的文明之星，为构建清朗、和谐、美好的网络家园贡献青春力量。

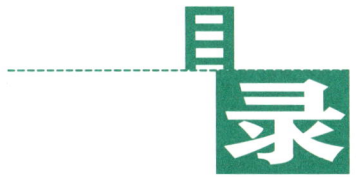

第一篇 认识网络及网络文明 / 001
　　一、网络是什么？ / 001
　　二、网络文明是什么？ / 023

第二篇 网络文明失范行为及防范 / 037
　　一、网络犯罪及防范 / 037
　　二、网络谣言及防范 / 052
　　三、网络暴力及防范 / 067
　　四、网络成瘾及防范 / 081

第三篇 网络服务生活和学习 / 099
　　一、网络服务生活 / 100
　　二、网络帮助学习 / 109
　　三、人工智能的使用 / 112

后　记 / 123

第一篇 认识网络及网络文明

本篇要点

网络是什么？网络的发展历程是怎样的？网络给我们的生活带来了哪些便利条件和改变？你对网络文明了解多少？进入网络社会后，我们要如何做一名遵守网络文明规范的好网民？在本篇中，我们将详细讲述网络的发展历史及网络文明的相关内容，为青少年走入网络世界做好准备。

一、网络是什么？

（一）网络的概念

据中国互联网络信息中心（CNNIC）在京发布的第54次《中国互联网络发展状况统计报告》，截至2024年6月，我国网民已接近11亿人，较2023年12月增长了742万人，互联网普及率达78.0%。数据显示，我国新增网民以10—19岁的青少年和"银发族"为主，其中，青少年占新增网民的49.0%，网民规模持续提升，网络接入环境更加多元。另据共青团中央维护青少年权益部、中国互联网络信息中心2022年11月联合发布的《2021年全国未成年人互联网使用情况研究报告》，2021年我国未成年网民达1.91亿，未成年人互联网普及率达96.8%。进一步对未成年人的互联网使用情况进行调查可以看出，未成年网民的三大网上活动为学习、听音乐、玩游戏，分别占比88.9%、63.0%、62.3%；聊天和看短视频分别占比53.4%和47.6%，居第四位和第五位。

从以上数据我们可以得知，如今网民的规模越来越大，青少年群体对网络的使用也越来越频繁，网络世界已经成为除现实世界之外人类生活和交际的重要空间。那么，你知道网络到底是什么吗？你知道它的发展历史吗？你可以举几个生活中使用网络的例子吗？你一般什么时候会使用网络？

让我们带着这些问题，一起来全面认识一下网络世界吧。

1.网络的定义

网络已经成为人们生活中不可或缺的一部分，但如果有人问你网络的定义是什么，相信你会觉得这似乎是一个比较复杂的问题。有的同学会说，网络就是聊天的地方、就是打游戏的地方，还有的同学会说借助网络能买东西、能看视频。其实这些只是网络的一部分功能，网络的功能包罗万象。那么，网络到底是什么呢？让我们一起来探索它的全貌吧。

让我们先来看看"网络"一词在不同领域中的解释。

网络指由节点和连线构成，表示有诸多节点（对象）又彼此相互联系的一种形状。也就是说，"网络"一词所包含的范围很广，有现实生活中的交通网络、人际网络，我们的思维也可以形成思维网络……在现实生活中，个人、家庭、组织乃至国家都存在于其他个人、家庭、组织乃至国家的关系网络中。

在汉语中，"网络"一词最早用于电学。《现代汉语词典》（1993年版）对"网络"一词的解释是"在电的系统中，由若干元件组成的用来使电信号按一定要求传输的电路或这种电路的部分"。此处的网络专指专业领域的一种结构状态。

在计算机领域，"网络"指传输、接收、共享信息的虚拟平台，人们通过它把各个点、面、体的信息联系到一起，以实现资源共享。我们可以把网络想象成一个有着纵横交错道路的平面，信息在这个平面上流通，而我们可以在平面上的某一点接收信息、分享信息。

结合不同学者在不同领域对"网络"一词的解释，"网络"指将地理位置不同的、具有独立功能的多台计算机及其外部设备通过通信线路连接起来，在网络操作系统、网络管理软件及网络通信协议的管理和协调下，实现资源共享和信息传递的计算机系统。我们的网络世界是靠很多设备及软件、代码运行的，虽然看不见，但在我们上网的过程中，它们一直在快速运行。网络有三大功能，即共享资源、网络通信和提高计算机的可靠性及可用性。网络可以分为多种类型，包括互联网、局域网、广域网（WAN）等通过某种介质相互连接的系统。

网络如同一张"巨网"，将世界连接成地球村，世间万物似乎都能呈现在网络上。在讲解关于网络的定义时，我们用了很多专业的名词，同学们是不是有些糊涂呢？接下来，我们就介绍几个和网络息息相关的"关键词"，以帮助同学们更好地理解网络是什么。

（1）通信线路

通信线路的功能是实现节点间的数据通信，主要涉及传输介质、拓扑结构、介质访问控制等一系列技术。通信线路是网络技术的核心和基础，是保证信息传递的通路，类似现实生活中四通八达的交通线路，只不过通信线路上"行驶"的不是汽车等交通工具，而是由代码组成的信息。

知识拓展

网络拓扑结构指用传输媒体把计算机等设备互相连接起来的物理布局，即网络中各个节点如计算机、网络服务器、工作站、交换机的分布情况及它们之间的连接状态。网络拓扑结构可按形状分为星型（图1.1）、环型、总线型、树型、总线—星型和网状型等几种类型。

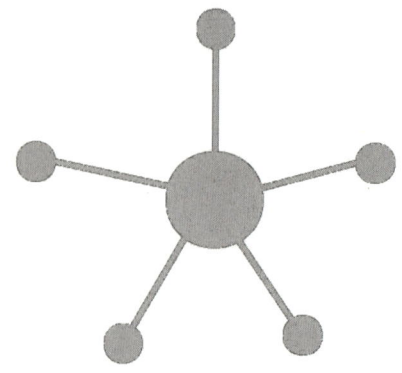

图1.1 星型网络拓扑结构

（2）网络操作系统

网络操作系统是网络用户与计算机网络之间的接口，是对网络资源进行有效管理的系统，可以提供基本的网络服务、网络操作页面、网络安全性措施和可靠性措施等。我们打开电脑，经常看到的Microsoft Windows就是一种网络操作系统，也是目前用户数量最多的操作系统。诞生于1985年的Windows系统陪伴了一代又一代网络用户的成长，截至2025年3月已经更新到Windows 11。网络操作系统如同汽车、自行车等交通工具，让普通人能够通过它们畅游网络世界。

（3）网络通信协议

网络中的信息交换和日常生活中人与人之间的信息交流类似，人们想要进行有效的交流，就需要制定相应的规则，即确定交流什么、如何交流、什么时候交流等，你可以把它想象成老师在开展课堂活动时制定的规则。对于网络来说，这些规则统称为网络通信协议，也就是各种应用程序、文件传送软件、数据库管理系统、电子邮件系统及其终端之间的通信所遵循的规则的集合。网络通信协议就像我们日常生活中使用的普通话，可以让不同地区、不同民族的人们顺畅地交流。

（4）局域网

局域网的通信范围在几公里以内，传输速率相对较高，是在建筑物内或附近建筑物之间运行的私有网络，例如，家中、办公室或工厂内使用的网络，学校内的校园网和教师办公室的内部网络，都属于局域网。局域网还包括个人局域网，这类网络允许一定范围内的设备相互连接，比如通过蓝牙可以让手机之间实现连接。借助局域网，我们可以与限定范围内的人交流。以家庭局域网为例，这类网络只有家人才能接入，我们可以和爸爸妈妈共享网络及网络上的视频、图片、文字，而家人以外的陌生人却无法接入，这样既提高了沟通的便利性，又保证了网络的安全性。局域网为我们构建了网络上的人际交往单元，类似于"网络家庭""网络社区"。

（5）城域网

顾名思义，城域网是覆盖整个城市的网络，比如城市中的电缆连接网络。城域网比局域网覆盖范围更广，是可以将同一区域内多个局域网相互连接起来的中等规模的计算机网络。

（6）广域网

广域网（WAN）的通信范围通常在几十公里以上，甚至可以达到几万公里，其传输速率低于局域网。广域网分布在广阔的地理区域内且主要是公用数据通信网，如不同城市、国家之间的网络，一般由国家委托电信部门建造、管理和运营。例如，覆盖全国的互联网（Internet）就是一种广域网。

（7）互联网

互联网是目前世界上最大的国际性互联网络，它借助卫星连接整个世界。可以说，它是一个"网中网"，是众多网络相互串联而成的庞大网络。互联网的最大作用就是扩大我们的"朋友圈"，我们可以利用它与全国各地乃至全世界的人交流、分享，拓展我们对世界的认识，让我们了解不同地域、不同民族的人们的生活状态。它也让网络世界变得包罗万象、丰富多彩，在互联网上，我们通常可以搜索到我们想要的信息。

现在我们经常看到、听到的"互联网+"是互联网发展的直接产物，简单说就是"互联网+传统行业"，如网上购物、网上学习、网上问医、网上外卖、网上打车等，"互联网+"给我们的生活提供了极大的便利。

（8）移动网络

移动网络（mobile web）指的是使用手机、平板电脑等便携式移动设备接入公共网络的服务方式。中国移动、中国联通、中国电信是我国三大移动网络服务提供商，为用户提供手机接入网络服务。随着智能手机、5G网络等移动设备和网络技术的发展与普及，移动网络在我们生活中的作用越来越大。

2. 网络的应用

虽然从技术层面看，网络与互联网是两个不同的概念，但在非计算机专业领域，人们所说的网络通常指互联网，它是人们接触最频繁的网络，堪称"万网之王"。互联网包含各种各样的网络，是网络与网络的连接集合。因此，在本书中，我们介绍的网络知识大多围绕互联网展开。

随着网络的发展，其用途从最初服务于计算机领域、军事领域等专业范畴，逐渐延伸至人们的日常生活。如今，人们的日常生活与网络紧密相连，除了浏览网页、发送电子邮件、文件传输、远程登录、网络寻呼等基本功能外，网络的一些新功能也不断涌现。

（1）线上消费

线上消费已成为我国消费领域的一大亮点。每年的"双十一""双十二""618"等线上促销活动几乎成了全民参与的购物狂欢。人们会提前在各大电商平台将心仪的商品加入"购物车"，以便在活动开启时以更优惠的价格抢购。相信青少年们也参与过类似的抢购活动，这些活动的消费指数一直呈增长趋势。2024年6月28日，中国互联网络信息中心发布的《互联网助力数字消费发展蓝皮书》显示，我国网络购物用户已超 9 亿人，购买国货"潮品""绿色商品"的用户分别达 5.3 亿人和 2.3 亿人。"90 后""00 后"是数字消费的主力军，他们在个性化消费、国货消费、智能消费等领域表现较为活跃。此外，直播带货、门店到家、社区团购、非接触配送等各类线上消费新模式不断涌现，线上消费已全面覆盖我们衣食住行的各个方面。

> **案例分享**
>
> 淘宝网(taobao.com)是中国深受欢迎的网购零售平台，截至2025年3月，已拥有近5亿注册用户，每天有超过6,000万的固定访客，平台在线商品数已超过8亿件，平均每分钟售出4.8万件商品。淘宝网也是中国消费者的交流社区和全球创意商品的集中地，它在很大程度上改变了传统的生产方式，也改变了人们的生活消费方式。

2022年11月,第十四届"天猫双11全球狂欢季"开启,共有来自全球90多个国家和地区的29万多个品牌参加此次活动,商品覆盖7,000个品类。11月10日晚上8时第二次售卖开场后,仅4个小时就有超过130个品牌的成交额突破1亿元人民币。

2022年淘宝网推出了一项青少年网购保护功能,针对平台内不适宜向未成年人展示的商品,通过商品圈定和内容分级等方式,建立了"不主动推荐、搜索不可见、可见不可买"的分层保护机制。当未成年用户搜索不适宜向其年龄段展示的商品时,例如,直播币充值、酒水、成人用品等,页面会跳转至"绿网计划"页面(图1.2)进行科普引导和消费提醒,并对存在风险的未成年用户订单及时进行拦截、关闭和风险告知。凡是经过实名认证的未成年人淘宝网账号,淘宝网都会自动启用该保护功能。(根据阿里巴巴官网及淘宝网资料整理)

图1.2　淘宝网App推出的"绿网计划"页面

(2)线上教育

随着时代的发展,线上教育已经成为教育发展的一大趋势,各个学校都开始采用"线上+线下"的教学模式。不仅如此,各类线上教育App也在兴起,学生通过线上教育平台学习,不仅可以打破传统教育在时间、空间上的限制,还可以整合学习资源,扩大知识面。为了适应社会发展,我国一直致力于数字教育的发展。2022年3月28日,国家智慧教育平台正式上线,该平台是一个综合集成平台,已经上线的一期项目包括国家中小学智慧教育平台(图1.3)、国家职业教育智慧教育平台、国家高等教育智慧教育平台及国家大学生就业服务平台。此外，一些民办线上教育平台也不断涌现，为我们的学习提供了帮助。相信在不久的将来，我们就可以在网络中学习到更多、更新、更优质的知识，还能与不同地区的老师、同学甚至AI交流，或许还能直观地看到自己从幼儿园到大学一路走来的求学历程，用数字技术见证自己的成长。

图1.3 国家中小学智慧教育平台页面

案例分享

由中华人民共和国教育部推出的国家中小学智慧教育平台于2022年3月1日上线试运行，不到一个月的时间，累计浏览总量已达7.2亿次，日均浏览量超过2,888万次，最高日浏览量达6,433万次。

该学习平台分为手机版、App版和桌面版三种，可以满足不同上网设备的使用需求。平台汇聚了来自全国各地的优秀教师和优质教育资源，提供的课程教学资源在原有的国家统编教材和人教版教材教学资源基础上，增加了北京版、苏教版、北师大版、教科版、外研版等7个版本116册教材的课程教学资源，同时上线了66家出版单位的1,834册电子版教材，为广大中小学校、师生、家长提供了便捷和高质量的教育和学习资源及平台。

很多农村地区的青少年通过该平台获得了免费的优质教育资源，这无疑为他们的学习提供了更加多元的途径。(根据中华人民共和国教育部官网资料整理)

（3）线上医疗

线上医疗（图1.4）包括线上问诊、线上专家会诊、电子处方及药品邮寄、电子健康档案、医疗信息查询等多种医疗服务项目。与传统就医相比，线上医疗最大的优势在于突破了时间和空间的限制，使中国有限的医疗资源最大限度地得到了利用。

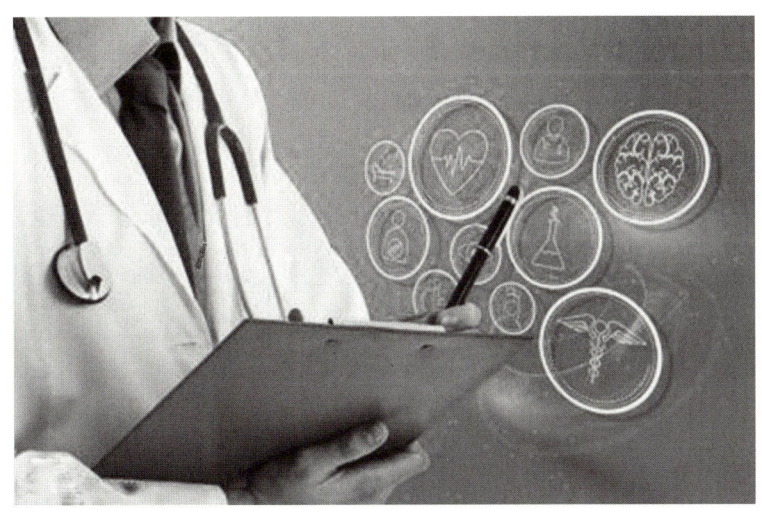

图1.4　智能医疗系统

> **案例分享**
>
> 好大夫在线创立于2006年，是中国领先的互联网医疗平台之一。经过18年的诚信运营，好大夫在线已经在医院/医生信息查询、图文问诊、电话问诊、远程视频门诊、门诊精准预约、诊后疾病管理、家庭医生、疾病知识科普等多个领域取得了显著成果。
>
> 好大夫在线拥有数量众多的优质医生群体。截至2024年9月，好大夫在线收录了国内1万余家正规医院的94万名医生信息。其中，29万名医生在平台上实名注册，直接向患者提供线上医疗服务。在这些活跃的医生中，三甲医院的医生比例占到73%，具有很高的医疗服务权威性。
>
> 用户可以通过好大夫在线App、PC版网站、手机版网站、微信公众号、微

信小程序等多个平台便捷地联系到29万名公立医院的医生,一站式满足线上问诊、线下就诊等各种医疗需求。截至2024年9月,好大夫在线已累计服务超过8,900万名患者。(根据好大夫在线官方网站信息整理)

(4)线上娱乐

线上娱乐是互联网影响人们日常生活的主要方面,我们每个人都有线上娱乐的需求和经历,也会在网络中通过各种途径进行娱乐活动。线上娱乐包括视听娱乐、电子游戏、电子书等项目。在新冠疫情期间,大量线下娱乐活动受到限制,传统线下娱乐行业受到巨大冲击,因此,线上演唱会、线上剧本杀、短视频等线上娱乐方式开始兴起,在一定程度上改变了人们的娱乐方式,也满足了人们日益增长的精神文化需求。比如,哔哩哔哩(图1.5)是中国年轻人高度聚集的综合性视频社区,被用户亲切地称为"B站"。根据艾瑞咨询报告,2020年B站35岁及以下用户的占比超过了86%,截至2021年第四季度,B站月均活跃用户达2.72亿。

图1.5 哔哩哔哩提供的娱乐服务项目

（5）线上办公

线上办公建立在有良好机制保障的前提下，它可以降低交通成本，让用户进行即时的交流或沟通，还能够让用户更高效地召开会议（图1.6），营造符合自己需求的工作环境。

图1.6　线上会议系统

(二) 网络的起源和发展

如今，远程沟通已成为人们生活中必不可少的交往方式，微信、QQ等是我们日常生活中最常使用的通信应用软件，给我们带来了极大的便利。但是同学们，你们知道在中国发出第一封电子邮件与世界进行沟通与交流的人是谁吗？他的举动当时给中国互联网发展带来了多大的影响？同时，请想一想，网络的起源在哪里？又是如何引入中国的呢？

小故事："中国互联网之父"钱天白

1987年9月20日，钱天白教授发出的我国第一封电子邮件"穿越长城，通向世界"拉开了中国人使用互联网的序幕，在国际互联网上发出了中国人的声音。他于1990年代表中国正式在国际互联网络信息中心注册了我国的国家顶级域名"CN"，为中国在国际互联网上争得了一席之地，使中国成为国际互联网大家庭中的一员，并使得中国可以系统地规划并完善自己的信息网络。1994

年5月21日,在钱天白教授和德国卡尔斯鲁厄理工学院的协助下,中国科学院计算机网络信息中心完成了中国国家顶级域名(CN)服务器的设置,从此结束了中国的CN顶级域名服务器一直放在国外的历史,使国际社会承认中国是有互联网的国家,中国的互联网自此迅速发展起来。因此,钱天白教授被誉为"中国上网第一人""中国互联网之父"。

1.起源:阿帕网的起源和发展

2025年是网络诞生的第56年,这要从1969年阿帕网(ARPANET)的出现算起。你可能会奇怪,我们为什么要去了解五十几年前的事?这是因为,通过了解网络的诞生和发展,我们可以真正了解互联网产生的根本原因。互联网作为一种新技术,不仅可以给我们的生活带来便利,还可以带来深刻的社会变革,我们当然要"知其然",然后"知其所以然"。让我们一起来了解一下阿帕网。

1969年,美国国防部高级研究计划局(Advanced Research Projects Agency, ARPA)建立了阿帕网并投入使用(表1.1)。

表1.1 阿帕网发展的关键节点

1962年8月	美国信息处理技术办公室首任主任约瑟夫·利克莱德(Joseph Licklider)撰写了一系列备忘录来阐述"银河网络"的概念,这是人类首次对通过网络实现社会互动进行描述
1966年年底	阿帕网之父拉里·罗伯茨(Larry Roberts)加入美国国防部高级研究计划局,并提出"计算机网络"的概念
1968年	美国国防部高级研究计划局建立了一个分布式计算机网络,并将阿帕网总部设在BBN(Bolt, Beranek and Newman,美国一家历史悠久的科技公司)
1969年9月	斯坦福国际咨询研究所、加州大学圣巴巴拉分校、加州大学洛杉矶分校和犹他大学成为阿帕网最初的四个节点。BBN作为主要技术承包商,为阿帕网的开发和运行提供关键技术支持
1970年	阿帕网首个网络节点建立。阿帕网项目直接推进了互联网络协议的开发,通过该协议,多个独立的网络可以连接到一个网络中
20世纪70年代	阿帕网制定了一系列标准,并且使用传输控制协议/网际协议(TCP/IP协议)作为网络传输协议
1975年7月	阿帕网被移交给美国国防部通信局管理,阿帕网不再是具有实验性质和独一无二的网络
20世纪80年代	阿帕网从最初的军用走向民用,网络的定义被扩大
1981年	美国国家科学基金会对计算机科学网络的资助进一步扩展了阿帕网的接入

续表

1982年	1982年,TCP/IP协议被标准化,使互联网络在全球范围内的扩散成为可能
1984年	互联网节点从最初的4个增加到了1,000多个,在随后的3年中增长迅速,数量增加到10万个
1986年	美国国家科学基金会利用TCP/IP协议在5个科研教育服务超级电脑中心的基础上建立了传输率为56kb/s的广域网
1989年	物理学家蒂姆·伯纳斯-李(Tim Berners-Lee)成功开发出万维网(World Wide Web),并推出世界上第一个所见即所得的超文本浏览器/编辑器

我们常说的互联网在诞生之初并不叫这个名字,阿帕网就像互联网起初的小名一样,特指且随性。阿帕网的产生最初仅限于满足小团体或某些人的需要;之后直接服务于美国国防部,用于加强各个军事基地和军事机构之间的通信;再到后来用于各种科学研究和资料传送;最终用于普通大众进行娱乐和交流。50多年前,因为造价高昂且操作复杂,阿帕网只是少数高层人士和科学家的专用工具,并没有受到过多关注,就连创造阿帕网的人也没预料到它后来会有如此大的影响。阿帕网经过不断的丰富和发展,到今天成了与人类社会息息相关的产物,并对人类社会的发展产生了巨大的影响。它实现了资源共享,让计算机与计算机、网络与网络连接起来,让国界、洲界消失,形成了真正的地球村。随着时代的发展,由于商业组织雄厚资金的介入,互联网已成为世界上规模最大、用户最多、影响最广的网络。

因此,从起源来看,阿帕网是计算机技术发展的产物,它解决的是计算机与计算机之间的连接问题,目的是实现机器间信息的传输与共享。阿帕网也是互联网的前身,早期的应用集中在国防、教育、科研等领域。但是,随着科学技术的发展,网络的潜力被不断挖掘,网络也逐渐从专业领域走向大众领域。

2.发展:网络的发展与演进

我国的网络发展从1994年中国正式全功能接入国际互联网开始,经历了从Web1.0时代、Web2.0时代到如今的Web3.0时代等多个重要阶段。在我们现在的生活当中,没有网络的生活令人难以想象。从阿帕网的诞生到互联网的逐步发展,再到移动互联网的兴起,人们的生活发生了翻天覆地的变化。从PC端的网页到移动端的新媒体,再到4G时代的短视频和5G时代的直播,这正是网络赋予我们的不断迭代的体验。

(1)网站

20世纪90年代以来,网站是最早也是最广泛采用的一种网络应用方式,也是利用Web页面发布信息、提供服务并与受众进行互动的一种传播形式。一般来说,网站是媒体进行传播的重要平台。政府和相关组织往往会利用网站发布信息,将其作为展示形象的窗口或充当电子政务平台。对于个人来说,开发网站的出发点是满足人们分享个人生活的需求,相对而言不会很正式。

(2)网络论坛

网络论坛大多依附于门户网站,网站虽然经历了不断更迭,但论坛在其经营中依然有着比较重要的地位,这是因为论坛对于网站来说具有多重价值。网络论坛一般指以各种话题讨论为主的电子公告板(Bulletin Board System,BBS),是利用网络手段开展多对多交流的平台。网络论坛是网络中最早的社会化媒体之一。1994年5月,国家智能计算机研究开发中心开通曙光BBS,这是我国(不包括港澳台地区)的第一个BBS,它几乎是与中国互联网同步诞生的。在之后的十年间,BBS在中国的网络发展中扮演了至关重要的角色,尤其对民众的意见表达、用户思想的活跃、文化的多元交流等起到了非常重要的作用。

(3)即时通信

即时通信是网民广泛使用的网络服务。从最开始的计算机与计算机的交流,到计算机与人的交流,再到计算机与手机的交流、手机与手机的交流,即时通信已经成为每个人社交的第一选择,影响着人们的生活方式和行为方式。例如,利用即时通信,人们可以进行更加便捷、实时的个体交流,相较于多人交流的论坛和聊天室,即时通信更加私密。我们还可以进行信息共享,如将我们的图片、视频、文件同步上传至共享云盘,让信息交换与传递更加方便。

(4)博客

博客的全名是Web Log,正式名称为网络日记。博客中的内容以相反的时间顺序显示(即较新的内容排在主页前面)。可以说,博客是一个表达个人思想的网络内容平台。对于网民来说,博客的特点在于使用门槛低,网民不需要太高的技术水平和太多时间即可完成博客的发表。相较于BBS多对多的交流，博客更能凸显博客拥有者的中心地位，一切点赞、评论、转发都是有中心的。博客内容通常采用条目或博客文章的形式呈现，博客是动态的，并且会经常更新。一些博主每天发表多篇新文章。博客也可以被看作个人在网络上展示的平台。我国2005年开始出现博客，但短短几年时间，博客不但得到了普及，而且对网络世界及现实世界产生了非常大的影响。

Vlog的全称为Video Log或Video Blog，源于Blog的变体，意为"视频日志""视频博客"，是博客的一个分类。Vlog指用户以视频的形式记录自己的日常生活。由于短视频已成为人们日常交往的热门方式，Vlog也开始被越来越多的人使用，成为热门的社交手段。

（5）维基

维基是一种超文本系统，这种超文本系统支持面向社群的协作式写作。也就是说，这是一种在互联网上支持多人协作的写作工具。在维基页面，每个人都可以浏览、创建、更改文本，同时系统可以对不同版本的内容进行有效的控制管理，所有的修改记录都会被保存，人们不仅可以进行事后检查，还能对信息进行追踪，并将其恢复至最原始的样子，这也就意味着很多人都可以就同一主题共同写作、修改、扩展、追踪。

（6）SNS

SNS的全称为社交网络服务（Social Networking Service），旨在帮助人们建立社会性网络的互联网应用服务。很多时候，SNS也被称为社交网络或社交网站，它要求用户实名注册，通过理想、交易、兴趣、爱好等圈层去扩大朋友圈，所有朋友都公开交织在一起，如此形成一个庞大的社交网络。

（7）微博

微博是基于用户关系的社交媒体平台，用户可以通过电脑、手机等多种移动终端接入，以文字、图片、视频等多媒体形式实现信息的即时分享、传播互动。微博提供简单的、前所未有的方式，使用户能够公开实时发表内容，让用户与他人互动并与世界紧密相连。尽管微博和SNS有一定的相似性，但它们之间有一个明显的区别：SNS重社交，微博重内容。提起微博，相信大家最熟悉的非新浪微博莫属，它是我们日常生活中主要的社交平台之一，截至2023年12月，新浪微博的月活跃用户数量已达5.98亿，日均活跃用户数量达2.57亿。也就是说，当你登录新浪微博的那一刻，你就进入了一个以亿为单位的庞大的社交广场，它是我们获取资讯、参与社会讨论的主导平台之一。

新浪微博高度重视未成年人保护工作，于2019年上线了青少年模式，并从2023年起不断对青少年模式进行迭代优化，旨在为未成年人提供一个更安全、更纯净的网络环境。

（8）微信

微信是一个提供即时通信服务的免费应用程序，它可以通过网络快速发送语音、信息、视频、图片和文件。同时，它还可以提供公众号平台、朋友圈、消息推送等功能。用户可以通过"摇一摇""搜索账号/手机号""扫一扫"等功能添加微信好友或关注公众平台进行社交活动。微信可以让用户将看到的精彩内容分享到微信朋友圈、微信公众号，也可以发送给朋友。微信诞于微博在中国最火热的时候，但很快，微信的影响力便超过了微博，但这并不意味着微博的发展就衰退了。相较于微博的公共性，微信的私密性更强，更多的是点对点的交流，即使有像朋友圈一样更广泛的交流，微信的使用弹性还是更大一些。通过微信，我们不但可以和亲朋好友、老师、同学单聊或群聊，还可以通过关注公众号阅读电子图书、杂志、报纸等，丰富我们的学习生活，也可以获取科技、游戏、体育等专业知识，增长见识。

（9）短视频

短视频是一种互联网内容传播方式，是在各种新媒体平台上播放的、适合在移动状态和短时休闲状态下观看的高频推送的视频内容，长度从几秒到几分钟不等。短视频内容通常融合了技能分享、幽默搞怪、时尚潮流、社会热点、街头采访、公益教育、广告创意、商业定制等主题。由于时长较短，短视频可以单独成片，也可以成为系列栏目。目前用户使用较多的短视频平台有抖音、快手、微信视频号等。第54次《中国互联网络发展状况统计报告》显示，短视频已成为新增网民"触网"的重要应用。

(三) 网络给人类社会带来的影响

"70后"在青少年时期喜欢写日记，日记本还是带锁的；"80后"在青少年时期喜欢写博客，比如新浪博客，喜欢写什么就写什么，反正没人认识；而处于青春期时的"90后"则爱发朋友圈，抒发情感；如今，"00后"爱发抖音，喜欢通过抖音随时随地记录生活。20世纪70年代，人们出去旅游，会在景点拍一张纪念照，然后去照相馆冲洗胶卷，小心翼翼地把照片保存好；20世纪80年代，人们出去旅游，偏好用数码相机拍摄电子版照片并将其上传至人人网；如今，人们出去旅游，更喜欢用手机拍照，随时随地在微信朋友圈分享高清大图，外加地点定位……

同学们，你们能谈一谈不同年代的人们在遇到开心的事情时与朋友分享的方式有什么不同吗？

1. 历史进程中的影响

（1）计算机与计算机的连接

计算机与计算机连接便产生了网络，网络与网络连接便产生了互联网。互联网的前身是阿帕网，阿帕网1969年诞生于美国，是美国国防部高级研究计划局的一个实验性网络，最初只有4台计算机相连。阿帕网的设计目的在于在战争到来之际，即使受到外来袭击，计算机仍然可以通过网络发送信息、正常工作，因此，阿帕网采用的是分布式网络结构。这样一来，因为没有中心点，所以任何一个节点被破坏都不会影响其他节点之间的通信。这种去中心化的结构为之后新媒体的发展奠定了基础。后来，许多研究机构和大学也陆续加入阿帕网，到1972年，这个网络上的节点数已有40多个。

（2）内容与内容的连接

内容与内容的连接最大的飞跃是万维网的诞生，也就是我们常说的网站。当互联网走出实验室向公众开放后，互联网便逐渐走向了商业应用领域。当然，早期的互联网服务并不像如今这样开放，它只是某个服务商的服务器，可以为大家提供浏览、查询和交流服务。直到1989年万维网被提出后，才从根本上改变了这一现象，也为如今网络作为大众传播媒介奠定了基础。万维网是互联网的一种应用方式，主要是利用互联网传送文本信息，包括图像、声音、视频等多媒体信息，并且信息之间可以使用超链接。因为它打破了之前封闭、单一的应用形式，变为多元链接，所以它成了人们上网的主要应用。随着万维网的发展，信息越来越多，当人们徜徉在信息的海洋里时，没有目标和方向，很难第一时间找到自己需要的信息。于是，搜索引擎应运而生，如我们常见的谷歌、百度等。

（3）人与人的连接

Web2.0时代带来了人与人的连接，这也是互联网的新一轮变革。我们把之前提到的万维网时期称为Web1.0时代，那时候万维网以提供内容服务为主，而Web2.0时代则允许用户广泛参与网站建设和网络交流，我们可以在网络上编写而不只是浏览信息。目前，与Web2.0技术有关的平台常见的有微博、微信、博客等。虽然人们对Web2.0时代的定义有不同的说法，但有一点是共通的，即以人为中心，而不是以内容为中心。一方面，人们可以通过微信、微博、博客等拓展自己的人际关系资源，构建自己的人际关系网络；另一方面，人们可以将个人的言行发布到网络上，在人人都有麦克风的时代，人们不再需要中介来传达信息，每个人都可以在网络公共空间发声。

（4）移动终端及其连接的升级

移动终端的升级及其连接方式的改进标志着移动互联网时代的到来。手机通信网络的不断优化与互联网的持续发展相互促进，共同推动了移动互联网的形成。移动互联网主要由三个核心要素构成：移动终端、移动网络及应用服务。我们所亲身经历的变化——从功能手机到智能手机的升级，平板电脑与电子书阅读器的普及，可穿戴设备的个性化，以及具备特定功能的设备如VR眼镜、健康监测手表、智能饰品等的涌现——都是移动互联网发展的生动体现。

（5）物与物、人与物的连接

物与物、人与物的连接产生了物联网，物联网是以感知技术和网络通信技术为主要手段来实现人、机、物的泛在连接提供信息感知、信息传输、信息处理等服务的基础设施，在推进新型工业化、加快建设制造强国和网络强国等方面发挥着重要作用。物联网的技术体系主要包括感知技术、网络与通信技术、数据处理技术等。其中，感知技术包括传感器、条码识别、二维码识别、射频识别、音视频采集、高精度定位等技术，负责实现数据的感知、采集和获取，是互联网融合应用与发展的基础。物联网可以打破以人为中介的控制,在一定范围内,按照约定的协议自主进行信息的采集与分析研判工作,实现智能化识别、定位、跟踪、监控和管理,从而实现物与物、人与物的连接,例如,智能家居、智能汽车、智能手表等。在物联网时代,智能家居逐渐取代传统家居,一进家门口,房间灯光自动亮起,空调温度自动调整,冰箱温度也可以自动调节。智能家居还可以根据主人的情况自动制定相应的健康管理措施,且可以直接将数据信息传输到手机上,为人们提供各种生活便利。

(6)元宇宙的万物互联

元宇宙是一个基于互联网技术构建的3D虚拟空间,它通过增强现实和虚拟现实等技术,将虚拟元素融入物理现实,创造出一个高度沉浸式的环境。这个空间具备连接性、感知性和共享性,能够打破物理界限,实现无边界的互动和体验。元宇宙能够建立一套全新的虚拟经济系统,从而彻底改变人们传统的社会交往模式和生活方式。目前,元宇宙已经在艺术和游戏领域取得了显著的发展。

元宇宙是人工智能、区块链、5G、物联网、虚拟现实等新一代信息技术的集大成应用。通过元宇宙,我们可以在网络虚拟空间打造一个自我虚拟形象,让其代替我们在网络空间活动。可以说,元宇宙让我们的网络社交活动从抽象走向了具象。

2.生活中的相关影响

随着互联网技术的不断发展,我们已经见证了移动网络从3G到4G,再到如今的5G的升级,同时也经历了从Web1.0到Web2.0,再到Web3.0的演变。这些技术的创新和升级,使得互联网深深融入人们生活的方方面面,成为现代社会不可或缺的一部分。它虽然无形,却无处不在,构成了一个全新的生活空间。在这个空间里,互联网不仅连接了我们的日常生活和社会生活,更几乎满足了我们的所有物质需求和精神需求。

在网络的广泛应用下,我们的生活已经发生了深刻的变化。在出行方面,滴滴打车等网约车服务为我们提供了便捷的选择;在购物方面,网购和手机支付让我们能够轻松购买到全球各地的商品;在社交方面,微信、微博等平台让我们能够随时随地与他人保持联系。借助网络,我们可以在短时间内享受到各种便利的资源,足不出户就能欣赏到祖国的大好河山,购买到全球各地的商品。蓬勃兴起的网络课堂和层出不穷的知识付费课程，让我们能够更加便捷地获取知识。工作之余，我们可以在短视频平台上观看视频，放松身心；肚子饿了，我们可以在美团或饿了么等外卖平台上点外卖，享受美食送到家的便利。网络让我们的生活变得更加便捷。

在社会层面，几乎所有组织和单位的工作开展都在利用网络进行。一旦网络系统崩溃——如果没有应急系统——组织单位内部的联络协调和工作开展就无法正常进行。由此可见，网络技术的迅猛发展对人类的社会生活产生了巨大影响。网络就像一把双刃剑，在我们享受其带来的巨大便利的同时，它也可能分散我们的注意力，影响我们对世界的判断力、思考能力以及情感掌控能力。尤其是出生在信息科技高度发达背景下的"00后"，网络已经深深地影响了他们的价值观形成、能力提升和个性发展。

对处于心理成长期的青少年来说，他们的人生观、世界观尚未成熟，还需要塑造和引导，但是长期接触网络会直接影响他们对社会的认知和思考。网络对青少年心理健康的影响是多方面的，既有积极的一面，又有消极的一面。

具体而言，网络对青少年的积极影响主要体现在以下几方面：

◎提供学习资源与拓宽视野。互联网为青少年提供了丰富的学习资源，他们可以通过学习在线课程、观看教育视频等方式获取知识，拓宽视野，提升自我教育期望，从而对心理健康产生积极影响。

◎增强社交连接。社交媒体使青少年能够与朋友和家人保持联系，增强归属感和社交支持。这种积极的社交互动有助于缓解孤独感，提升青少年的心理健康素养。

◎提供心理支持与干预。互联网上的心理健康应用程序和在线治疗服务为青少年提供了便捷的心理支持。一些基于认知行为疗法的在线游戏已被证明在治疗抑郁症方面与传统的面对面治疗同样有效。

网络对青少年的消极影响主要体现在以下几方面：

◎网络成瘾与过度使用。过度使用互联网可能导致青少年出现焦虑、抑郁等心理问题。智能手机的使用是导致青少年网络成瘾的主要因素之一，而网络成瘾又会进一步影响青少年的心理健康。

◎网络欺凌与社交压力。网络欺凌（网络暴力）是青少年心理健康的重要风险因素，与自我伤害、自杀念头以及各种内外化问题相关。此外，社交媒体上的社交比较和同伴压力也可能导致青少年产生自卑、焦虑等情绪。

◎睡眠问题。长时间使用网络，尤其是睡前使用电子设备，会影响青少年的睡眠质量，睡眠不足会进一步影响青少年的心理健康，如产生情绪波动、注意力不集中等现象。

家长在引导孩子正确使用网络方面扮演着至关重要的角色。以下是一些具体建议，可以帮助家长引导孩子健康、安全地使用网络：

（1）建立规则与界限

◎设定时间限制。合理安排孩子的上网时间，避免孩子长时间连续使用电子设备。例如，可以规定孩子每天使用网络的总时长以及每次使用的时间间隔。

◎明确使用目的。引导孩子明确上网的目的，如学习、娱乐或社交等，并鼓励他们合理分配时间。例如，可以规定孩子先完成学习任务，再进行娱乐活动。

◎禁止不良内容。明确禁止孩子浏览不适宜的内容，如暴力、色情、恐怖等网站，并安装相关软件来过滤这些内容。

（2）普及网络安全知识

◎个人信息保护。教育孩子不要在网上随意透露个人信息，如姓名、地址、学校、电话号码等，避免个人信息泄露带来的风险。

◎识别网络诈骗。帮助孩子识别常见的网络诈骗手段，如虚假中奖信息、钓鱼网站等，提醒他们不要轻信陌生人发布的信息，不要随意点击不明链接。

◎防范网络欺凌。教育孩子在网络社交中保持礼貌和尊重，避免参与网络欺凌行为。同时，如果遭遇网络欺凌，要鼓励孩子及时告知家长或老师，并采取适当的措施应对。

（3）培养健康的生活方式

◎鼓励线下活动。鼓励孩子多参与线下活动，如体育运动、兴趣小组、户外探险等，以减少对网络的依赖，培养多样化的兴趣爱好。

◎保持健康作息。帮助孩子建立规律的作息时间，确保充足的睡眠。避免孩子在睡前使用电子设备，以免影响睡眠质量。

◎促进家庭互动。家长要多花时间与孩子进行面对面的交流和互动,如一起阅读、做手工、玩游戏等,减少孩子对网络的过度依赖。

(4)提供积极的网络资源

◎推荐优质内容。为孩子推荐适合他们年龄和兴趣的优质网络资源,如教育网站、科普视频、在线课程等,帮助他们在网络上获取有益的知识和信息。

◎引导健康娱乐。引导孩子选择健康的网络娱乐方式,如观看优秀的影视作品、玩益智类游戏等,避免其沉迷暴力、低俗的游戏或娱乐内容。

(5)树立榜样

◎以身作则。家长自己也要合理使用网络,避免在孩子面前过度使用电子设备,树立良好的榜样。例如,家长可以和孩子一起制定家庭的网络使用规则,并共同遵守。

◎共同学习。家长可以和孩子一起学习新的网络知识和技能,共同探索网络世界的美好,增进亲子关系,同时也能更好地引导孩子正确使用网络。

(6)加强沟通与监督

◎保持开放的沟通。与孩子保持开放、坦诚的沟通,鼓励他们分享自己在网络上的经历和感受,及时发现并解决可能出现的问题。

◎适度监督。家长可以通过适度的监督了解孩子的网络使用情况,但要注意避免过度干涉,要尊重孩子的隐私。例如,可以定期查看孩子的浏览历史、社交媒体账号等,但要以信任为基础,避免引起孩子的反感。

(7)培养自主管理能力

◎培养自我控制能力。教育孩子学会自我管理,培养他们自主控制网络使用的能力。例如,家长可以引导孩子自己制订网络使用计划,并做好自我监督。

◎培养批判性思维。家长应鼓励孩子对网络信息保持批判性思维,学会辨别信息的真伪和价值,不盲目相信网络上的内容。

通过以上这些方法,家长可以帮助孩子建立正确的网络使用观念,培养健康、安全的网络使用习惯,更好地适应数字时代的生活。

综上所述,网络对青少年心理健康的影响是复杂的。我们应充分发挥网络的积极作用,同时警惕其潜在的负面影响,并采取有效措施加以应对。

◆──────◆ 思考题 ◆──────◆

请和同学们讨论互联网到底是什么,网络和我们的生活有什么关系。

二、网络文明是什么?

(一) 网络文明的概念

前面我们一起分享了与网络相关的内容,了解了网络的发展历史,以及随着网络发展所产生的各种功能给我们的生活所带来的便利和改变。相信通过上一节的阅读和学习,同学们对自己所使用的网络已有了更加深入的了解。随着网络技术的不断更新和智能化水平的不断提升,网络已经渗透到人们生活的方方面面。可以说,网络几乎覆盖了我们所有的物质生活和精神生活,已经形成了一个"网络社会",而我们也开始越来越多地面对网络文明的问题。因此,接下来我们将共同学习和探讨"网络文明",了解它的主要表现以及其对青少年成长的重要意义。

文明是人类创造的一切物质财富和精神财富的总和,是社会发展到一定阶段的产物。因此,我们需要从物质和精神两个层面来分析"文明"。物质层面的网络文明指的是与网络相关的物质要素,如硬件设备、网络系统等。精神层面的网络文明则指的是适用于网络社会的规范与准则,是网络使用者健康、端正、积极的上网理念和行为,就像大家比较熟悉的校园文明、交通文明、家庭文明和餐厅文明等一样。

互联网技术作为20世纪最伟大的发明之一正在飞速发展,网络功能也在不断延伸,网络深刻地影响着我们的生活。网络文明是伴随着互联网技术的发展与应用而产生的一种新的文明形式,如今越来越受到社会各界的重视。美国学者C.R.麦克库劳(C.R. McClure)于1994年首次使用"网络素养"(network literacy)一词来描述个人"识别、访问并使用网络中的电子信息的能力"。2010年,教育部下发了《教育部关于加强中小学网络道德教育抵制网络不良信息的通知》,强调从"加强网络道德教育""加强网络法制教育""加强绿色网络建设""加强重点关注和引导""加强学校家庭合作"五个方面入手，有效地抵制网络不良信息对中小学生的侵害，促进中小学生的健康成长。2023年10月16日，《未成年人网络保护条例》颁布，这是我国第一部专门性的未成年人网络保护综合立法。《未成年人网络保护条例》要求，教育部门应当指导、支持学校开展未成年人网络素养教育，围绕网络道德意识形成、网络法治观念培养、网络使用能力建设、人身财产安全保护等，培育未成年人的网络安全意识、文明素养行为习惯和防护技能。

网络已经与青少年的生活、学习和娱乐密不可分。大家上网课、查资料、听音乐、刷视频……网络活动越来越多。然而，与网络发展相匹配的网络文明素养提升仍面临巨大挑战。网络文明建设迫切需要学校、家长以及社会各界共同努力，携手打造一个健康、积极的网络生态环境，为青少年的茁壮成长保驾护航。

> **读一读，记一记**
>
> **全国青少年网络文明公约**
>
> 要善于网上学习，不浏览不良信息。
> 要诚实友好交流，不侮辱欺诈他人。
> 要增强自护意识，不随意约会网友。
> 要维护网络安全，不破坏网络秩序。
> 要有益身心健康，不沉溺虚拟时空。

(二) 网络文明的表现

随着互联网的发展与智能手机、平板电脑等上网设备的普及，网络已经融入我们生活的各个方面，网络文明素养也成为人类生存与进步的必备素养。对于同学们来说，熟练运用网络相当于掌握了强大的"武器"，因为我们可以通过网络获取海量的知识、进行便捷的社交、浏览无尽的信息。而对于有些同学甚至家长来说，他们又往往谈"网"色变，认为网络上充斥着不良信息且布满陷阱，尤其是未成年人非常容易沉迷游戏而不能自拔，于是，网络似乎又成了十恶不赦的"魔鬼"。可见，网络是一把"双刃剑"，关键在于我们如何健康、规范地使用它，如何充分发挥它对我们学习成长的积极作用。作为不断成长的网络达人，青少年也应该具备相应的网络信息辨别能力、网络规范知识、网络道德修养等网络素养。

未成年人由于受自身条件的限制,对网络世界中纷繁复杂的信息缺乏足够的辨别力与抵抗力,因此,家长、学校与社会多方合力建设网络文明是必要的。在这里,我们以学生为主要参与者,为大家梳理了网络文明的几种典型表现。

1. 在网络上进行文明社交

具备一定的网络文明意识,是未成年人处理好自己与网络之间的关系的重要前提。现阶段,未成年人都是"网生代",从一出生就与网络产生了密不可分的联系,在网络上进行娱乐、社交、学习、消费活动,对他们来说几乎像吃饭和睡觉一样平常。除了学习之外,娱乐和社交已成为未成年人使用网络的重要内容。

在国内,人们常用的网络社交平台包括微信、QQ、微博、知乎、豆瓣等。未成年人可以通过网络社交平台分享生活乐趣、维持人际关系、寻找志同道合的朋友。可以说,网络社交大大延伸了未成年人的现实生活,同时还能激发大家的学习能力、创造能力和协作能力等。未成年网民在网上从事社交活动的整体情况如图1.7所示。

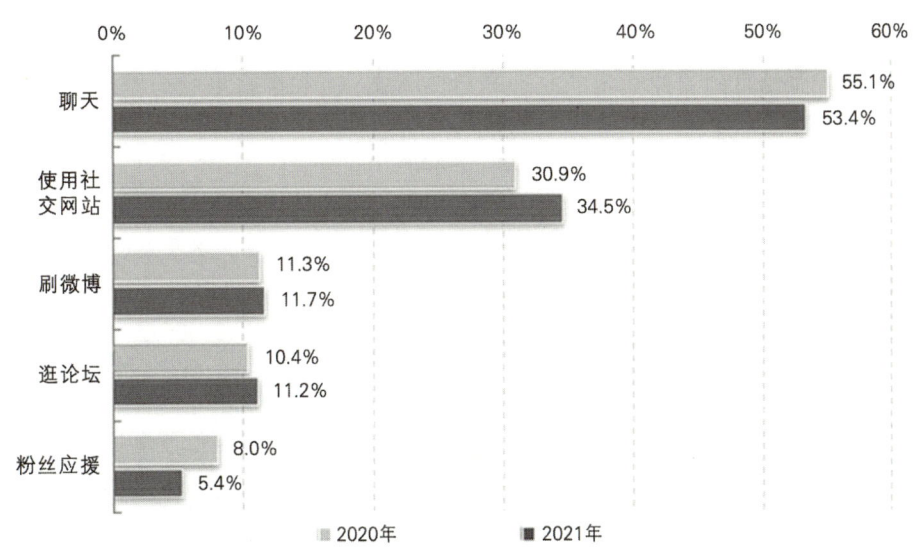

图1.7 未成年网民在网上从事社交活动的整体情况

(资料来源:《2021年全国未成年人互联网使用情况研究报告》)

青少年在与人交流的过程中需要谨记，网络交流虽然具有虚拟性、开放性和隐蔽性，但并不代表我们就可以为所欲为、随意表达。网络世界也是讲规矩、讲法制的，每一位网民都必须遵守法律，不得恶意制造、传播流言或谣言，不能进行诈骗活动，要遵守道德，文明友好地与人交流，不能在网上发表侮辱他人的内容。青少年特别要注意不要随便与网友在线下见面，也不要随便在网上倾诉负面情绪。

2.让网络成为学习的好帮手

网上学习是青少年利用网络开展的重要活动。作为学生，首要任务就是学习，网络为同学们提供了广阔的知识空间和强大的学习工具。随着技术水平与教育理念的不断进步，"互联网+教育"已经深刻地改变了传统的教学模式，网络在学生的学习过程中扮演着越来越重要的角色。

青少年可以通过网络完成作业、接受老师的在线答疑、学习课外知识、了解时事新闻、拓展兴趣技能等。青少年可以通过加强学习的主动性，借助网络的独特优势，提高自身的知识水平和综合能力。

在青少年通过网络学习的过程中，家长需要耐心引导，帮助青少年明确上网要以学习为目的，同时多陪伴青少年参与社会活动，控制其上网时间，以防青少年上网成瘾。老师要时刻关注学生的心理和行为状态，组织丰富多彩的校园活动，培养学生积极向上的兴趣爱好，鼓励同学们互相监督，形成良好的网络学习氛围。社会方面更应该净化和优化网络环境，积极推动网络相关行业规范经营。

> **知识拓展**
>
> **10个中小学线上学习网站**
>
> 1.全国中小学实验在线平台　　2.中国数字科技馆
>
> 3.学堂在线　　　　　　　　　4.国家教育资源公共服务平台
>
> 5.示范诵读　　　　　　　　　6.国家中小学智慧教育平台
>
> 7.吾课网　　　　　　　　　　8.中国国家数字图书馆
>
> 9.国图公开课　　　　　　　　10.中小学视频网

3. 自觉抵制不良信息

网络世界包罗万象，各种信息鱼龙混杂。对于未成年人群体来说，他们在这个年龄阶段本就具有强烈的好奇心和探索欲，并且他们身心发育尚不成熟，无法对网络信息的真伪和优劣做出准确的判断，这就给一些不良信息的蔓延留下了可乘之机。

所谓不良信息，通常指色情、低俗、赌博、造假、诈骗、犯罪等违法及违背社会伦理道德的内容。这类信息容易利用青少年认知能力尚不成熟的特点，对其产生不良影响。青少年时期，许多人正处于叛逆期，容易盲目跟风，模仿不良行为，将其视为个性表达或反叛的方式。此外，青春期的青少年身体逐渐发育，对"性"虽好奇但了解有限，容易被网络中的色情内容吸引，从而对身心健康造成严重危害。例如，一些露骨的小广告、打擦边球的短视频、各类交友App等，都可能对青少年产生不良诱导。更严重的是，部分不良信息宣扬自残、自杀、厌食等不健康或危险行为，煽动歧视与仇恨。这些内容不仅会激发青少年的好奇心和尝试欲，使他们误入歧途，还会耗费他们大量的时间和精力，干扰其正常的学习与生活。同时，不良信息所传递的扭曲价值观会影响青少年道德品质的培养和健全人格的塑造。此外，这些信息还可能诱导青少年走上犯罪道路，让他们成为社会不稳定因素。

尽管许多App为了保护青少年设置了青少年模式并对内容进行了筛选，但仅仅依靠这些措施是不够的。抵制网络不良信息需要从多方面入手，尤其是家长和老师要帮助青少年树立正确的上网观念，从根本上解决问题。例如，家长可以为青少年下载绿色软件并设置青少年模式，确保青少年浏览的内容是健康的。青少年也应自觉抵制不良信息，避免点击、下载、转发不良信息，在遭遇不良信息的网络侵害时，应第一时间告知家长或老师，并在必要时寻求公安部门的帮助。

> **知识拓展**
>
> 为有效抵制网络不良信息对中小学生的侵害，促进学生健康成长，2010年1月13日，教育部印发了《教育部关于加强中小学网络道德教育抵制网络不良

信息的通知》。现将主要内容摘录如下：

一、加强网络道德教育。各地教育行政部门要加强对中小学网络道德教育的指导，结合不同年龄段学生实际和课程教学内容，有针对性地开展相关教育活动。指导各地中小学校利用品德课、信息课及校会、班（团队）会等，集中开展对中小学生的网络道德教育。组织学生通过开展绿色上网承诺等活动，自觉践行《全国青少年网络文明公约》，树立网络责任意识和道德意识。引导学生正确对待网络虚拟世界，合理使用互联网和手机，提高对黄色网站、暴力和淫秽色情信息、不良网络游戏等危害性的认识，增强对不良信息的辨别能力，主动拒绝不良信息。教育学生不浏览、不制作、不传播不良信息，不进入营业性网吧，不登录[①]不健康网站，不玩不良网络游戏，防止网络沉迷和受到不良影响，努力在校园内和学生中形成自觉抵制网络不良信息的风气。

二、加强网络法制教育。各地教育行政部门要指导中小学贯彻落实《中小学法制教育指导纲要》，重点培养学生依法使用网络的意识和行为，教育学生拒绝使用侮辱性、猥亵性、攻击性语言，自觉抵制网络不法行为，慎交网友，懂得在网络环境下维护自身安全和合法权益，增强网络法制教育的针对性。要通过邀请法律专家讲座咨询、运用典型案例等方式，增强网络法制教育的感染力。鼓励中小学生在使用互联网和手机过程中，遇有不良网站链接和不良信息特别是淫秽色情信息传播时，及时举报。

三、加强绿色网络建设。各地教育行政部门要定期对校园网络进行检查，指导中小学在网络服务器和计算机上安装绿色上网过滤软件，通过技术手段及时屏蔽或删除含有低俗、淫秽、暴力、反动等内容的信息和攻击性言论，做到及时发现、及时处理，使网络处在可监控状态。加强对网站管理、维护人员的教育培训，提高他们的责任意识，切实做好校园网的信息更新和监管工作。鼓励有条件的学校建设和开放绿色上网设施，依托校园网设计一些吸引力强、参与性高的文娱和益智活动，用健康向上的校园网络活动充实学生的课余生活，大力发展校园网络文化。

---

① 原文"登陆"有误。

四、加强重点关注和引导。各地教育行政部门和中小学要指导班主任、心理健康教育教师通过适当方式，加强与学生的沟通交流，及时发现异常情况，对有沉溺网络、行为举止异常或学习成绩突然下降等状况的学生要及时进行疏导和教育。要十分关心进城务工人员随迁子女和留守儿童的学习生活，深入了解他们在校外的学习和生活状况，促使其监护人对他们的校外生活进行有效监管。校外活动场所要面向广大青少年学生，特别是进城务工人员随迁子女和留守儿童，组织开展丰富多彩的活动，让他们感受到社会大家庭的温暖。

五、加强学校家庭合作。各地教育行政部门和中小学要注重家庭参与，联合家长共同做好抵制互联网和手机不良信息工作。各地中小学要利用放假前、开学后等时机，通过家长学校、家长会、致家长一封信、手机短信提醒等多种形式，争取广大家长与学校一起有效监控和引导学生正确使用互联网和手机。学校和家庭要提醒学生上网时不轻信网上言论，不泄露个人信息，不回复不明提问。倡导家长对孩子上网和使用手机进行引导和合理约束，教育孩子远离成人聊天室和黄色网站；尽量避免孩子在家独自上网；多花时间与孩子交流，多带孩子参加有益活动。（摘自中华人民共和国教育部官网）

4.不沉迷网络游戏

为什么那么多青少年沉迷网络游戏呢？这是未成年人网络文明教育的老问题，也是家长和老师最头痛的问题。如今，各式各样的网络游戏充斥网络，让人眼花缭乱，大家越来越意识到网络游戏的危害性。有些青少年之所以沉迷网络游戏，源自同学之间的社交需要。你不玩游戏就和身边的朋友缺乏共同语言，于是你就得玩，慢慢地自己就成了他们中的一员。现在，网络游戏产业飞速发展，对青少年的吸引力越来越强，在如何增加用户黏性、刺激消费等方面手段层出不穷，青少年群体因为年龄、智力、自控力等的不足，很容易被花样百出的游戏所俘获，难以抵制网络游戏的诱惑。当然，还有一些青少年因为在现实生活中遇到压力而产生负面情绪，而网络游戏的世界能给他们提供一个宣泄的出口和逃避现实的空间，久而久之便会产生依赖感。

尽管目前国家对未成年人游戏账号的管理越来越严格，但是未成年人往往会使用家长的账号，从而获得玩游戏的权限，或者逃避游戏服务时间的限制。有研究表明，长时间沉迷网络游戏会导致青少年的认知退化，也会造成记忆力、观察力的下降，从而影响学习成绩。同时，未成年人对网络游戏越专注，对其他事情就越无法集中注意力，耐心、自制力大大降低，情绪容易变得消极、冲动和暴躁。一旦产生心理障碍，他们的性格便会受到影响，甚至可能走上违法犯罪的道路。

防止青少年沉迷网络游戏，需要全社会的共同努力。家长应该多花时间陪伴孩子，帮助他们培养良好、健康的兴趣爱好，让他们多接触现实生活。学校则可以通过生动、科学的教育方式，让未成年人深刻认识到沉迷网络游戏的危害，给他们提供抵御诱惑与干扰的方法。只有相关部门、游戏行业、家长、学校各方都担负起应有的职责，帮助未成年人建立起抵制错误网络信息的自觉性，我们才能真正为他们的健康成长营造风清气正的网络环境。

知识拓展

2021年8月30日，国家新闻出版署下发《关于进一步严格管理 切实防止未成年人沉迷网络游戏的通知》，针对未成年人过度使用甚至沉迷网络游戏问题，进一步严格管理措施，坚决防止未成年人沉迷网络游戏，切实保护未成年人身心健康。通知要求，所有网络游戏企业仅可在周五、周六、周日和法定节假日每日20时至21时向未成年人提供1小时服务，其他时间均不得以任何形式向未成年人提供网络游戏服务。

5.爱护自己的身心

在网络世界无节制地狂欢，很容易导致一些青少年网络成瘾。医学上成瘾是指个体强烈地或不可自制地反复渴求滥用某种药物或进行某种活动，尽管知道这样做会给自己带来各种不良后果，但仍然无法控制。网络成瘾的典型特征就是上网令其兴奋，网瘾者长久停留于网络中，离开网络就会感到焦虑、不安，从而无法控制自己远离网络。久而久之，个人的身心健康便会遭受严重损害，甚至产生不可逆转的后果。有些青少年迷恋网络达到了废寝忘食的程度，经常连续玩手机或者电脑几小时甚至通宵达旦，熬夜成性。长此以往，不仅他们正常的作息会受到影响，身体健康和心理健康方面也会产生一些问题。青少年必须警惕网络成瘾带给自己的身心危害。

具体而言，网络成瘾对青少年的危害主要有以下几方面。

第一，身体发育。对于青少年来说，长期沉迷网络会削弱他们对现实生活的兴趣，减少他们从事体育锻炼和与人交往的时间。甚至有研究表明，长期上网会让人的脑部出现变异，使大脑处理情绪、听觉、视觉、语言等功能的灰质萎缩，进而影响人的注意力、自制力和记忆力，严重的还可能会导致疾病甚至猝死。尤其是经常睡前上网和熬夜上网，这种行为会抑制青少年生长激素的分泌，从而影响身高发育。

第二，眼科疾病。长时间上网最直接的影响是使青少年的眼睛感到不适，甚至可能导致近视。青少年在使用网络一段时间后，最好让眼睛休息一下。如果经常长时间上网，疲劳用眼，不加克制，可能导致除近视之外的其他眼科疾病，如白内障、青光眼、干眼症等。青少年经常熬夜上网容易感到兴奋，进而导致睡眠不足，眼睛得不到充分的休息，可能起初只是酸、胀、痛、痒，长此以往就可能出现病变。

第三，颈椎病。近年来，颈椎病的患病率持续上升，并且患者的年龄越来越小。有些青少年认为颈椎病是老年病，即使颈部不适也不是什么大毛病。其实不然，颈椎病的可怕之处并非我们想象中那么简单。人们把经常刷手机的朋友戏称为"低头族"，长时间低头会使颈部的肌肉和韧带过度拉伸，引起颈椎劳损、突出，甚至曲度变形。同样，长时间使用电脑上网也会带来类似的影响。如果长期保持不良姿势，最终可能会患上颈椎病，轻则让人感到颈部僵硬、反应迟钝；重则导致头晕恶心、骨质增生。

第四，心理疾病。心理疾病和网络成瘾是因果交互、相互影响的。青少年沉迷网络，最严重的后果还不仅仅是影响学习成绩，而是形成心理疾病，比如注意力缺陷和多动障碍、对挫折的耐受性低、容易激怒和冲动，更有甚者表现为情绪低落，丧失对其他事物和活动的兴趣等。对于有这样表现的青少年，家长一定要清楚地认识到这些心理疾病的长远影响，一定要注意多陪伴他们，通过运动、读书、下棋等活动分散他们的注意力，有必要的话要及时寻求正规机构的帮助。

6.规范使用网络语言

使用网络进行交流已经成为现代人的主要互动方式,层出不穷、形式各异的网络语言在我们身边随处可见。网络语言指的是人们在网络交流中使用的一种特定语言,它可以是中文,可以是字母,也可以是数字、符号、表情等。网络语言在网络传播过程中可以表达某种特殊的含义,比如"童鞋"(同学)、"YYDS"(永远的神)、"666"(厉害)、"柠檬精"(嫉妒别人的人)、"社死"(做了很丢人的事情,抬不起头,无法再去正常地进行社会交往)、"绝绝子"(太绝了,表示好极了)等。

有一些网络语言给人以新奇的感觉,增加了表达的生动性和诙谐感,丰富了语言的词汇量,具有一定的语言价值和传播价值,成为现代汉语创新发展的源泉,如"给力""破防""内卷""元宇宙"等。但是,一些网络语言的滥用,尤其是一些低级、粗俗、表意不清、逻辑混乱、夸大其词的网络语言,不得不引起全社会对于规范网络语言的重视。尤其是对于青少年来说,随意使用网络语言会干扰他们掌握规范的汉语,甚至影响其在写作和日常交往中的规范表达。同时,网络语言往往句式简单、结构松散,不利于提高青少年的写作能力和口头表达能力。当然,最重要的是,有些网络语言在网络上被用于表达宣泄和攻击的情绪,带有粗俗、下流、低级的味道,对青少年的思想产生了不良的影响。

规范使用网络语言是网络文明的重要体现。在此过程中,我们要自觉抵制不健康的网络语言,保证语言表达的准确性和纯正性。同时,家庭和学校务必做好青少年使用网络语言的引导工作,尤其要关注他们思想道德的养成,指导他们拒绝一切低俗、负面的网络语言。老师要主动了解和掌握网络语言的发展动向,以便引导青少年正确运用网络语言,在教学中要注意培养青少年对网络语言的认识,让青少年对网络语言形成科学的理解和正确的认识。

总之,面对网络语言,我们既不能拒之千里,又不能放任不管。作为网络生态环境下的产物,它既赋予了汉语数字时代的特征,又存在很多需要我们正视和解决的问题,需要老师、家长以及社会各方力量重视并采取恰当的措施,合理引导青少年规范地去表达和使用。

> **知识拓展**
>
> **2024年度十大网络用语**
>
> 新质生产力
>
> 《黑神话：悟空》
>
> 人工智能+
>
> 含金量还在上升
>
> City 不 City
>
> 班味儿
>
> 偏偏你最争气
>
> 浓人淡人
>
> 松弛感
>
> 主理人
>
> （资料来源：国家语言资源监测与研究中心）

（三）网络文明的意义

网络是一把双刃剑，而青少年是祖国的未来、民族的希望。青少年的健康成长关系到无数家庭、学校和整个社会的稳定与发展。正确处理与网络之间的关系是青少年健康成长过程中极其重要的一环。让我们一起努力，助力青少年养成良好的上网习惯，争做网络文明的践行者。

1.个人层面

青少年精力旺盛，接受新事物的能力较强，但是其世界观、人生观和价值观还不成熟，自我管控能力比较有限。善用网络，网络便会为我们打开神奇之门，为我们提供巨大的学习空间、丰富的信息渠道、无穷的技能课堂。滥用网络，网络便可能导致我们浪费大量时间和精力，身心也会受到严重损害，甚至有青少年会染上网瘾，也有青少年受到网络暴力的伤害和色情、迷信、反动等信息的侵蚀，最终走上犯罪的道路。因此，网络文明建设最重要、最直接的意义在于守护青少年健康成长。青少年要自觉遵守网络文明的要求，坚决抵制网络不文明行为，合理安排上网时间，正确选择网上内容，客观看待家长与学校的网络教育，真正做到健康上网、理性上网和绿色上网。

2. 家庭层面

网络文明建设离不开家庭的参与，家庭教育对青少年的健康成长具有重要意义。一旦青少年受到网络侵害，最直接受到伤害的就是家庭。现实生活中，我们经常会看到这样的信息。有的孩子染上网瘾，在游戏的世界里不断沉沦，家长拿孩子毫无办法，与孩子的矛盾不断加剧，甚至导致家庭关系破裂。有的孩子缺乏网络文明的基本素养，私自玩家长的手机，导致父母的血汗钱被用于买游戏装备或打赏主播，家长被迫走上漫长的维权之路。因此，网络文明建设对每一个家庭来说都是一种保护，孩子是家庭的未来，孩子的健康成长直接关系到家庭的和谐与稳定。

3. 学校层面

网络进入校园，形成了独特的校园网络文化，网络文明素养的提高有助于学校建设良好的校园网络文化。在重视思想教育的基础上，学校利用网络可以准确地了解学生关注的热点问题和思想动态，从而在思想政治工作中更加得心应手。另外，学校健康向上的育人环境除了硬件环境之外，也包括软件环境，而网络文明是软件环境的重要组成部分，将其融入校园制度文化和校园精神文化之中，可以保证正常的教学秩序和生活秩序，促进优良的校风建设。

4. 社会层面

网络存在一定的弊端，但这些弊端从根本上来说是源于网络文明的缺失，我们应该肯定网络的正面价值：它可以传递海量信息，传播先进文化，培育美好心灵，弘扬社会正气。加强网络文明的建设，能够有效地降低青少年的犯罪率，帮助我们构建风清气正的网络环境，给青少年的健康成长营造一个干净、健康、清朗、和谐的社会环境。同时，我国正在积极推进社会主义精神文明建设，广大青少年要清醒地意识到,网络文明是社会主义精神文明的组成部分,是提高社会文明程度的关键环节,亦是提高国家综合实力的重要途径。

思考题

请和同学们讨论网络文明在生活中有哪些表现,我们要如何遵守网络文明规则。

第二篇

网络文明失范行为及防范

本篇要点

网络文明失范行为指我们在进行网络活动、网络社交时，不能按照网络规则、国家相关法律法规及公序良俗约束自己的言行而对网络文明造成损害的行为，这些行为不仅会影响网络空间的良性发展，也会对我们自己及他人造成不良影响甚至恶劣影响。

网络文明失范行为包括网络犯罪、网络谣言、网络暴力、网络成瘾等，我们只有充分认识它们，具备分辨能力和处理能力，才能更好地享受网络带来的美好体验。

本篇中，就让我们一起来学习与网络文明失范行为相关的内容，增强文明上网的意识，提升防范网络不文明言行的能力。

一、网络犯罪及防范

网络在帮助青少年开阔视野、获取知识的同时，也可能麻痹青少年，甚至诱导青少年走上犯罪道路。如有的青少年在网上交友不慎，可能导致财物损失；还有的青少年在"黑网吧"遭到人身威胁，生命凋零在美丽的花季……

近年来，我国公安机关持续严打各类网络犯罪活动，2012—2021年累计办理网络犯罪案件50余万起。网络犯罪严重影响了人民群众的获得感、幸福感、安全感。在多种网络犯罪行为中尤为突出的是网络诈骗，在人们的观念中，网络诈骗的受害群体大多是对网络新技术不熟悉的老年人，但是，在现实中，网络诈骗犯罪分子早就盯上了经济上不独立、生活上还要依赖家庭的青少年群体。

那么，什么是青少年网络犯罪呢？

从广义上讲，青少年网络犯罪不仅包括行为人通过计算机信息系统或以其为对象而实施的犯罪行为和一般违法行为，还包括由网络诱发的青少年犯罪行为和一般违法行为。根据目前关于网络犯罪的描述，可以将其分为以下三种类型：第一，以网络为工具进行的各种犯罪活动；第二，以网络为攻击目标进行的犯罪活动；第三，使用网络非法获利的活动。因此，青少年不仅要留意避免自己遭受网络犯罪的侵犯，更要遵纪守法，不要沦为网络犯罪分子。

（一）网络犯罪的表现

近年来，青少年网络犯罪时有发生。一方面，青少年身心尚未成熟，容易被网络世界中的色情、暴力、赌博等不良因素诱惑和刺激，如果没有得到正确的引导和教育，便可能心理畸变、盲目冲动、不计后果，甚至铤而走险，成为网络犯罪的参与者。另一方面，青少年涉世未深，对网络虚假信息和不良人群辨识能力差，容易上当受骗，极易被网络罪犯盯上，成为犯罪分子的侵犯对象。

网络犯罪的表现主要有两个方面。

1.青少年参与网络犯罪违法行为

较之传统犯罪类型，青少年网络犯罪呈现出复杂性和多样性的特点，借助互联网的便捷性，青少年网络犯罪的发生场所和组织形式也具有很强的差异化特征。具体而言，根据近年来对已经侦破和立案的青少年网络犯罪形式的分析，目前我国青少年网络犯罪行为主要有以下几种：以计算机网络为对象实施的违法犯罪行为，如非法侵入计算机信息系统，破坏计算机信息系统或者故意制作、传播计算机病毒等破坏性程序；以网络为媒介实施的违法犯罪行为，如借助网络实施诈骗、造谣诽谤、传播虚假恐怖信息等；由网络诱发的违法犯罪行为，如因网络色情、网络暴力等不良信息的诱惑而实施的抢劫、强奸、故意伤害等犯罪行为。

（1）以计算机网络为对象实施的违法犯罪行为

随着互联网代际转换的完成，人们已经迈入了互联网时代，互联网不再作为高精尖的网络系统出现在公众面前，而是逐步成为一种社会交往的重要平台和工具。在此背景下，单纯针对网络实施的非法攻击和违法犯罪行为也在逐步减少，互联网发展早期关于"黑客少年""网络神童"的称谓也随着计算机技术的普及和神秘面纱的揭开，慢慢淡出了大众的视野。因此，在青少年网络犯罪中，纯粹以网络为对象实施的犯罪已经不再是主要的犯罪类型，常见的此类犯罪大致包括以下三种。

第一种，以网络及其用户作为攻击对象而实施的犯罪，主要包括擅自进入、使用计算机系统，破坏计算机信息系统功能，破坏计算机数据和应用程序等。

第二种，利用网络侵犯公共信息安全，主要指侵入计算机信息系统危害国家信息安全。从主观上看，青少年实施此类犯罪行为的目的和动机并不在于危害国家安全，而是基于他们自身冲动、逞强的特性，他们常常以黑客身份擅自侵入公共信息系统或国家政治、经济及军事等要害部门的计算机系统，盗取国家机密、商业秘密。尽管实施这些犯罪行为的大部分人主观上并无危害国家安全或非法牟利的动机，但其结果往往会给国家安全造成巨大的隐患。

第三种，故意制造、传播计算机病毒等破坏性程序，主要指制造、传播网络病毒，实施破坏性的网络犯罪。例如，2007年"熊猫烧香"病毒肆虐互联网，数十万台计算机感染该病毒，短短两个月内便有上百万个人用户、网吧及企业局域网用户被感染和破坏，而"熊猫烧香"病毒的制造者李俊和其他几名主要犯罪嫌疑人都是二十几岁的青年人。

（2）以网络为媒介实施的违法犯罪行为

青少年在实施犯罪行为时充分利用了网络的虚拟性，将自己的真实身份、地址等隐蔽起来，比传统的盗窃、诈骗更容易达到目的。例如，合肥市公安局刑警队曾打掉一个由4男1女组成的网络犯罪团伙，该团伙中年龄最大者21岁，最小者17岁，为典型的青少年网络犯罪团伙。该团伙先用"诱惑""蓝色妖姬"等网名与男网友聊天，取得对方信任后，将受害人骗至偏僻处实施抢劫和敲诈行为，被抓获时已作案60余起，涉案金额6万余元。此外，利用网络制作、传播、出售淫秽物品，实施网络色情犯罪也日益成为青少年犯罪的主要类型。由于我国24岁及以下的青少年在全国网络用户中占了一半以上，因而他们成了网络色情最大的受害群体。更为可悲的是，一些青少年不仅自己浏览色情信息，还单独或伙同他人制作、传播、出售淫秽物品，由受害者变成网络犯罪的实施者。

（3）由网络诱发的违法犯罪行为

青少年网络犯罪作为一种犯罪现象的统称，在外延上还包括基于计算机网络技术及网络有害信息所诱发的青少年犯罪。例如，网络色情信息诱发青少年实施的强奸、猥亵等色情犯罪；为筹集上网费用而导致的抢劫、盗窃、敲诈勒索甚至绑架、杀人等犯罪；由网络及网络游戏所诱发的杀人、伤害等违法犯罪等。

第一种，青少年网络暴力犯罪。这类犯罪基于网络暴力内容的诱导。网络中充斥着大量的暴力信息，数据显示，网络的非教育信息中有70%直接涉及网络暴力，尤其是网络游戏中的打斗场面更是以传递暴力信息为主，长期接触这些暴力信息，有可能间接导致青少年逐步形成冷漠、残忍的性格。事实证明，受网络暴力信息的冲击和蛊惑，青少年实施的暴力案件数量在逐渐增多。由于部分青少年沉迷网络而无法自拔，导致现实生活中因网络引起的暴力冲突越来越多，甚至不少青少年为此付出了血的代价。

第二种，青少年性犯罪。这类犯罪基于网络不良信息的误导。由于青少年自我控制能力较差，当他们不经意间点击色情网站链接时，大量色情图片和色情文字会对他们产生强烈的刺激，这种刺激便有可能逐渐对他们的心理产生暗示作用，更会对成长中的青少年的性心理产生误导作用，从而引发一系列青少年性犯罪案件。

第三种，青少年侵财类犯罪。这类案件多为青少年为筹措上网资金而实施的犯罪行为。对于青少年而言，网络既是充满海量信息与娱乐资讯的猎奇舞台，又是耗费其财力、物力的"吸金器"。青少年玩网络游戏不仅需要支付上网费用，大部分游戏还需要支付"游戏点""装备费用"等，为了将网络游戏玩得出色而向其他玩家或游戏运营商购买游戏装备的费用是惊人的，因此，部分青少年或由于无力支付游戏费用，或为满足与人攀比的虚荣心，最终实施了侵财类犯罪行为，且这类犯罪行为在青少年网络犯罪案件中占比较大。个别青少年为了筹集上网费用，甚至会杀害自己的亲戚或父母。

第四种，网络诱发的危害社会秩序犯罪。由于自制力相对较差，一些青少年叛逆性较强，做事容易冲动，不计后果，因此网络诱发的青少年寻衅滋事、聚众斗殴等犯罪现象比较突出。同时，部分青少年受社会不良因素的影响，价值观发生了一定的偏离，加之一些青少年狂热追捧网络暴力场面，在学习和生活中遇到争端时首先考虑的是"用拳头说话"，从而导致了一些危害社会秩序的犯罪行为的发生。

案例分享

2019年2月至8月，被告人陈某多次在网购平台租用王者荣耀游戏账号后发布了出售游戏账号的广告。受害人小王（男，案发时12周岁）联系陈某求购游戏账号，陈某以2,788元的价格将账号密码卖给小王。很快，小王就发现游戏账号无法登录。2019年3月至8月，陈某采用同样的方式骗取小王钱财5次，累计骗取人民币29,089元。2019年10月，小王将事情告诉家长，家长到公安机关报案。同年11月，陈某被捕。被捕后，陈某退赔了小王全部损失，并取得了小王及其家长的谅解。

考虑到被告人陈某系初犯，且认罪认罚，并已取得了被害人的谅解，法院以诈骗罪判处陈某有期徒刑8个月，并处罚金人民币1万元。

2.青少年遭受网络犯罪侵害的途径

如今，很多青少年早早就学会了使用网络和智能手机，青少年玩网络游戏、进行网络聊天的现象非常普遍。与此同时，针对青少年的网络犯罪案件也频频发生，网游诈骗、粉丝群诈骗都是十分常见的网络犯罪侵害方式。这些网络犯罪都是怎样表现的呢？让我们一起来看看。

(1) 网游诈骗

网游诈骗指在网络世界中玩家在游戏的过程中遭受的诈骗。在游戏中"你"和"我"都是虚拟的存在，你永远不知道电脑对面坐的到底是谁。网游中的诈骗分子就隐身于这个虚拟空间中，他们的诈骗手段对玩家有极大的迷惑性，玩家稍不注意就有可能中招。诈骗分子将各种小广告发布在公屏上，甚至对玩家进行密语发送，加上诈骗分子以各种极其相似的伪证来证明虚假信息，从而使玩家信以为真，成为受害者。不少青少年迷上了网络游戏，于是许多不法分子看到了可乘之机。常见的游戏骗局有游戏交易诈骗和解除防沉迷诈骗。

第一种，游戏交易诈骗。在这类诈骗方式中，诈骗分子会在游戏里或者游戏微博超话、游戏相关贴吧等社交平台上发布广告，宣称要买卖游戏账号或者游戏道具。为了吸引更多的人上钩，诈骗分子往往会以低价甚至送号作为诱饵。在受害人添加QQ或者微信后，诈骗分子会提出前往第三方平台交易。等受害人在这些虚假交易平台注册了账号准备交易时，诈骗分子便会以提现失败、账号异常、等级不足等理由，提出交激活费、保证金等名目，让受害人继续充值转账。

第二种，解除防沉迷诈骗。在这类诈骗方式中，诈骗分子利用青少年沉迷游戏想要摆脱游戏时长监管的心理，发布广告号称可以解除游戏防沉迷设置。接下来，诈骗分子会以充值即可解冻、威胁冻结账号、冒充警方等手段让青少年汇款，从而达到诈骗的目的。有的诈骗分子还会套取家长的姓名、手机号、身份证号、银行卡号等信息，给受害人造成更大的损失。

(2) 粉丝群诈骗

粉丝群是粉丝以明星为核心自行组建的团体，是由所有喜欢同一个明星的人聚在一起组成的组织。加入粉丝群之后，原本孤立的粉丝可以在其中找到志同道合的"粉友"，分享明星的最新消息。粉丝群诈骗就是冒充明星粉丝建群的骗局，这类骗局往往利用涉世未深的学生追星族对偶像的喜爱，编织出一个个谎言。常见的粉丝群骗局有伪装明星要求粉丝应援打榜和付费进群等形式。

方式一：诈骗分子分工合作，或者一个人扮演多个角色。有的冒充明星，以"免费送福利"等借口为诱饵；有的扮演经纪人或者粉丝群群主，欺诈青少年，骗取钱财。不法分子常常购买使用明星真实名字作为昵称或用明星本人照片作为头像的

QQ号，然后通过该QQ号之前组织的多个"明星粉丝QQ群"添加被害人为好友，在群里虚构明星身份，以给明星投票的名义骗取被害人的钱财。

方式二：不法分子利用明星的几段语音或者日常生活的一些照片、视频等欺骗青少年，青少年希望能够进入粉丝群与偶像进行实时互动，此时不法分子就会以付费进群的方式骗取钱财。受害人甚至可能在不法分子的诱使下偷拿家长的手机，然后任由不法分子摆布，直到发现被对方删除好友，而粉丝群到那时可能也解散了。

（3）社交骗局

在以往常见的交友类诈骗中，不法分子往往通过网络交友编造出"高富帅""白富美"等虚假身份，与青少年进行网络交流，在骗取青少年信任、确立交往关系后，选择时机提出借钱周转、家庭遭遇变故等各种理由，骗取钱财后便销声匿迹。随着网络的普及，网上交友已经成为青少年交友的重要渠道，许多不法分子也开始通过互联网骗取钱财。常见的社交骗局有冒充好友诈骗和情感诈骗。

方式一：在冒充好友诈骗这类案件中，诈骗分子利用青少年警惕性不足的特点，在盗取他们的社交账号后，用应急、生病等借口向其亲友索要财物。如果冒用账号时出现异常需要辅助验证，诈骗分子还有可能要求受害人的亲友配合验证。此外，诈骗分子还会进入QQ或微信的家长群、同学群，分析群内人员的说话风格，并采用同样的身份、昵称，冒用身份实施诈骗。

方式二：在情感诈骗这类案件中，诈骗分子隐藏在各个社交平台中，伪装成光鲜亮丽的形象吸引青少年网恋，或者以老乡、热心人、学长或学姐的身份和青少年拉近距离，用感情来博取信任。之后诈骗分子便利用青少年同情心强、防范意识弱的特点，以各种借口索要财物，财物到手后便人间蒸发，给受害人造成精神和金钱的双重打击。

> **案例分享**
>
> 11岁的小欣通过网络平台向警方求助，称自己所在的追星群中有20多人遭遇了诈骗，由于群内成员大多是中小学生，他们担心被家长或老师责备，所以此前大家都没敢报警。警方调查后发现，这是一个由全国各地追星者组成的

粉丝群，大家常在群里讨论明星相关话题，还会一起商量购买明星纪念品。最近，一款某明星纪念册很受欢迎，但粉丝需在某平台花298元注册成为会员，才有资格以99元的价格限购一套。小欣是一名初一的学生，手头没钱，便想让其他会员帮忙代购。恰巧群里有人声称有会员资格和购买渠道，但要加收代购费。小欣轻信了对方，转账后却被对方拉黑。群里其他粉丝也有这样的受骗经历。

思考题

1. 青少年还需要对哪些网络诈骗方式保持警惕？
2. 在遭遇网络诈骗之后，我们应该怎么做才能保护好自己？
3. 请你和同学们讨论一下今后要如何避免落入网络诈骗的陷阱。

（二）网络犯罪的危害

近年来，大量网络载体、电子游戏中的色情、暴力、赌博等不良内容严重影响了未成年人的身心健康。未成年人在网络环境中面临着双重危机：一方面，约70%的未成年人犯罪案件与接触网络不良信息有关；另一方面，在近60%的未成年人被害刑事案件中，网络不良信息也是重要的诱因。这表明网络不良信息对未成年人的犯罪行为和受害情况都产生了显著的负面影响。此外，部分青少年网络道德缺失的问题也有所凸显，他们获取负面信息、形成网络不良团体、习得错误手段的成本极低，其人生观、价值观受到低俗、恶俗信息的严重影响。那么，网络犯罪到底有哪些危害呢？

1. 网络对青少年犯罪的诱发

（1）沉迷虚幻危害大

青少年由于涉世未深、法律意识淡薄，容易受到诱惑和欺骗，加上不良社会人员的蛊惑和教唆，容易埋下犯罪的种子，走上违法犯罪的道路。目前，网络信息良莠不齐，一些网站、电子游戏中充斥着色情、暴力、反动、赌博等影响青少年身心健康的不良内容。由于网络传播信息直观性强，无论是不雅的色情影视画面，还是陌生人与之聊天中充满挑逗性的内容，对青少年的诱惑力都极强。据报道，网络暴力电子游戏是青少年实施网络犯罪的重要诱因，其作案勇气、作案手段等都来源于网络暴力电子游戏。现在的 3D 网络暴力电子游戏动画非常逼真，玩家在游戏中杀人时经常血花四溅。有研究表明，长期通过网络暴力电子游戏"杀人"，会造成玩家情感缺失、漠视生命，血腥暴力游戏会极大地激发他们的模仿欲，有的游戏高手由"网上搏杀"发展为"效仿杀人"，逐渐沦为现实中真正的杀人犯。

（2）网络消极文化的影响

网络消极文化指以网络为载体，通过网络媒介给主流意识形态和公民道德建设带来负面影响的文化内涵和现象，如互联网上的色情、暴力、诈骗等。它们持续侵蚀着青少年的道德底线，这些消极文化很容易消磨青少年的意志，误导青少年的行为，并刺激他们实施网络犯罪行为。同时，网络消极文化也容易诱发青少年产生心理疾病。随着互联网的发展，出现了许多有网瘾症状的年轻人。网络暴力电子游戏、色情信息让他们在上网时感到异常兴奋；一旦脱离互联网，他们便容易出现网络"戒断反应"。对互联网的过度依赖，使他们更愿意相信网络信息而忽视现实社会的真实情况。这种倾向不仅导致其家庭关系和社会关系逐渐疏远与异化，还容易引发其产生与网络犯罪相关的心理问题，最终促使其实施网络犯罪行为。

（3）犯罪手段种类多

从广义上讲，青少年网络犯罪行为不仅包括行为人通过计算机信息系统或以其为对象而实施的犯罪行为和一般违法行为，还包括由网络诱发的青少年犯罪行为和一般违法行为。就当前而言，青少年网络犯罪的手段十分多样化，案件类型主要有利用社交平台和软件实施网络赌博、网络诈骗、侵犯隐私权等行为，还有受网络游戏影响而实施暴力行为以及由网络诱发的侵财类犯罪、侵犯知识产权犯罪等。

> **案例分享**
>
> 不满18岁的小王开车至某社区，趁居民上班家中无人之际，利用购买的开锁工具将防盗门打开，先后进入6户人家实施盗窃，窃得笔记本电脑、数码相机、

戒指、项链、现金等财物共价值人民币35,000余元。作案后不久,小王被警方抓获。审讯中,他供认作案用的开锁工具都是在网上购买的,作案时他按网上的使用说明开锁,不留任何蛛丝马迹,有的失主回家后竟然都没发现防盗门被撬过。最终,小王被检察机关提起公诉,受到了法律的制裁。

2.网络犯罪对青少年的危害

网络犯罪对青少年的危害极大,此类犯罪具有以下特点。

（1）空间虚拟化,行为隐蔽化,犯罪金额较高,打击难度大

随着大数据的发展,新型网络犯罪借助虚拟网络空间完成犯罪的特点日趋明显。不法分子会抓住青少年网络使用频繁且猎奇的心态,通过深度隐藏真实身份,利用虚构事实、匿名服务等手段对青少年实施犯罪行为。一旦得手,不法分子便会迅速销毁线上线下的证据,因此,此类犯罪隐蔽性强,导致打击难度加大,案件数量迅速上升。青少年受害者被诈骗的金额不断增加,且由于犯罪的隐蔽性强,被骗的钱财很难通过合法渠道追回。这给青少年的心理造成了严重的负面影响,尤其在因网贷等导致债务无法偿还的情况下,青少年可能会做出极端行为。新型网络犯罪不但会破坏网络交流的公共秩序,而且会严重侵犯青少年的财产安全及自身权利。

（2）犯罪手法多样化,更新换代速度快

在"互联网+"时代,随着新信息和新技术的高速发展,新型网络犯罪事件不断涌现,且犯罪手段不断更新,通过多种渠道和方式渗透进校园。近年来,网络犯罪给受害青少年及其家庭造成了严重的负面影响,许多受害青少年因担心被责怪或受到更多伤害而选择沉默。这种沉默不仅加重了受害者的心理负担,还可能在一定程度上助长犯罪分子的嚣张气焰,导致受害家庭和青少年当事人遭受更大、更深的伤害。

（3）犯罪手段多元化,犯罪类型交叉化

当前,我国网络犯罪呈现出显著的地域集中性,某些特定网络犯罪在某些地区更为活跃,且犯罪手法日益多元化,不同犯罪类型之间的交叉融合趋势越发明显。犯罪嫌疑人之间相互勾结,其犯罪行为多针对青少年学生群体实施。受害者在遭

受诈骗后，往往因经济损失和心理创伤而产生严重的心理问题。网络诈骗犯罪不仅严重破坏了学校和社会的安定，不断翻新的诈骗形式还引发了诸多社会问题，给人们的正常生活造成了极大危害，严重扰乱了网络社会的正常运行秩序。特别是在信息化时代，网络诈骗犯罪率急剧上升，对社会发展和稳定构成了严重威胁。随着网络技术的飞速发展，网络诈骗的类型和方式越发多样，犯罪形势更加复杂严峻。因此，在积极打击网络诈骗犯罪的同时，如何有效预防网络诈骗，已成为全社会高度关注的重要问题。

知识拓展

你知道青少年过度沉迷网络会有什么危害吗？让我们一起来看看吧！

1. 道德缺失，情感冷漠

在网络世界，青少年获取与现实毫无关联的虚拟角色，在与形形色色的虚拟人物交流的过程中，他们不用考虑因身份、年龄、性别而带来的差距或道德约束，交流具有匿名性、平等性与自由性。在冰冷的文字下，青少年不用对敲出的字符负责，这不仅让他们在现实生活中下意识拥有的责任感与道德约束力减弱，甚至可以隔着屏幕发泄不满，对集聚于网络上的大小热点新闻因事不关己而无动于衷，情感趋于麻木。若长期沉迷网络，他们有可能将面对网络虚拟世界时的冷漠转移到现实生活当中，对理应关心的事也持漠视的态度，从而表现为情感冷漠、同理心缺失。

2. 价值观的误导，现实生活中人际关系的疏离

一般来讲，有关价值观方面的信息沟通是健康人际关系形成的关键。网络上有关价值观的信息多元复杂，青少年还处在价值观形成的关键期，不良信息与虚拟人际关系会诱使他们沉迷网络，放纵自己的行为，这不利于正确价值观的形成。他们在现实生活中难以获得的认同感与成就感在网络上可以轻易获得，在获得感的驱使下，他们会花费大量时间与精力投入网络，而网络与现实生活之间成就感的落差，又会让他们减少对现实生活的投入，从而更难以在现

实生活中与他人形成良好的人际关系。青少年无法拥有健康的人际关系，就无法进行价值观的沟通；无法及时改正错误的观念、学习正确的观念，也就不利于培养青少年正确的价值观。

3.自我人格发展受阻

青少年健康的价值观是在现实生活正确的价值引导下形成的。在以文字为载体进行交流的网络中，虚拟角色成了掩盖其真实身份的工具。由于网民价值观多元化，青少年又缺乏足够的认识能力与经验，一旦被不正确的价值观引导，便极易犯错。在受到群体影响的时候，青少年往往会怀疑并改变自己的观点、判断和行为，朝着与大多数人一致的方向变化，极易对大多数人支持的言论产生认同和盲从心理，这会使青少年对自己的原有观点产生怀疑，弱化对事物的自我判断，沿用他人观点，从而丧失独立思考的能力，形成"人云亦云"的性格。

(三) 网络犯罪的防范

1.预防青少年网络犯罪的对策

从犯罪构成来说，青少年网络犯罪的特殊性体现为犯罪主体是未成年人，即尚不具有完全行为能力的人。当前，青少年网络犯罪已引起社会各界的高度重视，需要从家庭、学校层面对其进行正确引导。此外，政府要当好最高监护人，运用高科技手段，打造纯洁的网络环境，积极构建网络文明，传播优秀的网络文化，引导青少年健康上网，进而打赢这场没有硝烟的战争。

（1）加强青少年网络道德教育、网络法制教育

青少年应正确认识网络，了解网络能干什么并正确使用它，要知道在网上哪些能做、哪些不能做，一定要有边界意识。因此，加强网络道德教育、增强网络法治观念就显得尤为重要了。一方面，我们要抓好青少年的网络道德教育，重点提升青少年明辨是非的能力，让他们形成正确的道德观和价值观；另一方面，青少年也应在思想上牢固树立起一道"防火墙"，进而有效地预防网络犯罪。只有加强网络道德意识，青少年才能在上网时规范自身的言行，不点击包含有害内容的网页，不信谣、

不传谣,成为有责任感的合格网民。此外,通过加强青少年网络法治教育,不断学习法律知识,增强网络法治观念,能够使他们懂法、守法,从而增强对不良网络内容的"免疫力"。

(2)家庭、学校、社会应协同作战,共建防范体系

预防青少年网络犯罪需要全社会的共同努力,这是一项需要各部门综合治理的系统工程,社会各界、学校、家庭都肩负着重要的责任。首先,要加大网络教育宣传力度。学校应将近年来青少年网络犯罪中的典型案件作为素材,让青少年充分认识到网络犯罪的社会危害性。同时,学校还应正确引导青少年文明、健康地使用网络,帮助他们远离"黑网吧"等不良场所。其次,家庭和学校应给予青少年更多的关爱,积极引导和教育他们绿色上网、安全上网、科学上网。最后,要积极培养青少年的兴趣爱好。当他们沉浸于自己的兴趣爱好中时,网络对他们的吸引力就会减弱。同时,在家长和学校的正确引导下,青少年还应多参加各种有意义的社会活动,如郊游、观看演出、关爱孤寡老人等。这些活动不仅能开阔他们的视野,培养他们的审美能力和善良的性格,还能进一步丰富他们的业余生活,从而让他们远离网络,降低参与网络犯罪的可能性。

(3)完善网络安全管理,提高防范技术

一方面,应完善网络秩序、加强网络安全,需要充分运用现代高科技手段进行信息过滤。通过自动识别、过滤网络有害信息,让青少年浏览绿色网页,减少其接触不良信息的机会。另一方面,相关部门应更加严密地监控互联网各个入口,增强"防火墙"的作用,全面、严格地"过滤"互联网内容,将与淫秽、暴力、赌博等腐蚀青少年身心健康有关的"黑网站"或搜索关键字自动屏蔽,最大限度地减少网上各类不良内容与青少年的接触机会。此外,有关部门还应进一步加强对网络游戏软件开发的审查和把关,严守市场准入制度,运用先进的科学手段,严格控制网上不健康信息的源头,禁止有害信息的制作和传播,打造清朗的网络环境,促进青少年身心健康地成长。

2.青少年如何辨别网络犯罪

凡是违背常理的情况,往往都暗藏玄机,有可能是骗局。虽然这句话容易理解,

但在实际生活中要辨别骗局并不容易。只要相关事件涉及人身安全、个人利益，青少年一定要先通过官方渠道进行核实。识别网络犯罪，可以从以下三个方面入手。

（1）提高信息辨别能力

当今青少年过度依赖网络社区，一系列青少年亚文化现象应运而生，如"二次元文化""弹幕文化""祖安文化""黑界""饭圈文化""佛系文化""尬文化""嘻哈文化"等。与此同时，网络媒介平台也成为网络时代不同文化交流的重要载体，平台的无边界化、渗透性和复杂性为享乐主义、消费主义等不良价值观的渗透提供了便利。

相较于传统媒体环境，网络新媒体的知识信息趋于扁平化，打破了原先的时空限制，多元复杂的海量信息汇聚在一起。在各种社会思潮的冲击下，当代青少年的叛逆、质疑和批判精神增强，他们渴望通过新媒体平台为自己发声，而具有相同认知的同龄青少年也汇聚在一起，形成了所谓的"圈文化"。青少年不仅是网络信息内容的接收者，更是信息内容的传播者和创造者，甚至是亚文化产品的生产主体，他们参与网络平台的活动离不开有关部门的监管和主流媒体、专家学者的引导。因此，有必要加强青少年群体的媒介素养教育，青少年也要学会文明上网，避免在游戏、娱乐、社交等领域出现语言暴力现象。

（2）做到"三不一多"

> **"三不一多"防骗宝典请收好**
>
> 未知链接不点开。骗子会利用钓鱼网站实施诈骗，如果你点开链接并填写相关资料，那么这些信息就都会落入骗子手中。
>
> 陌生来电不轻信。现在有技术可将陌生号码伪装成家庭成员的号码，请务必核实来电是否属实。
>
> 个人信息不透露。不要在网络上透露个人真实信息，非常容易被骗子利用。
>
> 转账汇款多核实。在无法确保完全安全的情况下绝对不能轻易转账汇款，要反复核实对方的真实身份及意图，可以设置仅亲友可知的验证信息，以免被蒙骗。

3. 遭受网络侵害后青少年该怎么做

青少年在遭受网络侵害以后，可以用以下三种方法去处理，从而有效地保护人身安全及财产安全。

第一，青少年要学会用法律武器来保护自己的合法权益。要及时拨打110电话报警，并配合警方做好相关记录和证据的采集。只有报警以后，警方才会立案侦查，才有可能破获案件。

第二，及时向家人坦白，取得他们的帮助。青少年可以向家人坦白事实经过，寻求帮助。无论是经济上的支持，还是精神上的鼓励，家人都是关心和帮助自己最好的选择。

第三，调整好心情，学习预防网络犯罪的知识。青少年被侵害以后要及时调整自己的心情，多了解和认识网络犯罪的骗局和套路。这样，在今后的学习和生活中若再遇到类似情况，就能快速警醒，避免受到侵害。青少年了解预防网络犯罪的相关知识后还可以及时提醒身边的亲朋好友，向他们普及有关知识，帮助大家提高警惕。

知识拓展

你知道吗，青少年经常使用的儿童智能手表并不像广告里宣传的那么"安全"，也可能让他们遭受网络犯罪的侵害。

如今，儿童智能手表几乎成了青少年的标配。一些儿童智能手表不但外观酷炫，而且功能设计较完善，俨然是成人智能手机的"迷你版"。相关调查数据显示，青少年使用儿童智能手表的时间越来越长，对视力的影响也越发严重，但劣质的儿童智能手表的危害还不止于此。

中央电视台曾播出的一期《焦点访谈》称，国内一家网络安全反馈机构对外报告指出："儿童智能手表存在安全漏洞，可导致儿童被黑客实时监控，可被获取日常行走轨迹和实时环境声音等。"技术人员也对儿童智能手表的监听功能进行了破解，模拟孩子家长向手表发出监听请求，结果手表自动将电话打到了技术人员的手机上。

该报道证明，家长出于能及时与孩子联系、实时查看孩子位置的目的而给孩子佩戴的儿童智能手表，有可能成为犯罪分子直接对儿童进行侵害的工具。

可见，网络犯罪对于青少年的危害无孔不入，且随着科技的发展，侵害手段也层出不穷，不断翻新，因此，网络世界的青少年保护工作任重道远。

思考题

1. 关于网络犯罪你了解多少？
2. 你是如何避免受到网络犯罪的侵害的？
3. 你有哪些网络安全防护小妙招？

二、网络谣言及防范

"三人成虎""众口铄金"的意思想必大家都很熟悉。《新华汉语词典》中，"三人成虎"的意思是："三个人都说街市上有老虎，别人便以为真有老虎。比喻谣言或讹传一再反复，就会使人信以为真。"而在《实用成语词典》中，"众口铄金"比喻的是"舆论力量强大，众说足以混淆是非和真伪"。可见谣言的力量是多么可怕。

在网络发达的今天，借助网络的广泛传播、快速传播，谣言的威力更是巨大。当一个谣言出现在网络上时，它可以迅速传播，成为人们热议的内容。对于网络谣言，青少年应该有清醒的认识和自我防范的意识。

但从现实来看，青少年对网络谣言的防范意识并不强。国家统计局中山调查队曾对广东省中山市8所中小学共195名义务教育阶段学生的网络安全意识展开调研。调研发现，部分中小学生对网络信息真伪的自主判断能力不足，防范意识尚未完全养成，有可能在不知不觉中成为网络谣言的传播者，触碰法律红线。由此可以看出，由于网络谣言具有一定的混淆视听的隐蔽性，青少年在一时冲动或者认识不足的情况下很容易上网络谣言的当，造成不良后果。

那么，什么是网络谣言呢？

网络谣言指通过微博、网站、论坛、聊天软件等网络媒介进行传播的，缺乏事实依据且带有煽动性、目的性的信息。网络谣言主要涉及公共卫生、食品药品安全、公共突发事件等与我们的生活息息相关的领域，往往通过偷换概念、以偏概全、颠覆传统等方式来吸引眼球，具有很强的迷惑性，难以辨别。因此，青少年在使用网络的过程中要学会识别和防范网络谣言，提高自己的信息辨别能力和安全意识。

(一) 网络谣言的表现

从某种角度来讲，网络谣言也是一种信息形式，它广泛存在于网络空间中，因此才具有迷惑性。它善于伪装和隐蔽，往往是有人出于不可告人的目的而刻意捏造和传播的。在信息爆炸时代，网络谣言与其他信息混杂在一起，在网络空间中不断传播。但它并不是无迹可寻的，网络谣言的制造者为了能够达到自己的目的，往往从与生活息息相关的内容入手，以大众容易接受的形式表现出来。其中，与青少年息息相关的网络谣言主要有以下几类。

1. 与生活科普相关的网络谣言

随着生活质量的不断提升，人们在解决了温饱问题之后，往往追求如何吃得更好、吃得更健康。因此，与生活科普有关的网络谣言便源源不断地出现在网络上，这类谣言也是所有网络谣言中流传最广、影响最大的。与生活科普相关的网络谣言大多冠以"某某专家建议""某某机构调查显示""某某医院研究发现"等看似权威的字眼，实际上内容似是而非，经不起推敲。例如，"食品添加剂对身体有害"则属于"反复出现、反复辟谣"的网络谣言。这类谣言看似是对身体健康的善意提醒，实则是披着伪科学外衣的虚假信息。

曾有媒体整理过"最受青少年关注的十大网络谣言"，这些谣言与青少年的生活息息相关。例如，"泡面是垃圾食品，防腐剂多、致癌，泡面桶打蜡""清淡饮食就是要多吃素，少吃肉""日常熬夜族，周末补觉就能缓解平时熬夜对身体造成的伤害"等，这些内容看上去有一定的道理，但细细推敲后会发现漏洞百出。如用"周末补觉"来缓解"日常熬夜"的损害，显然是错误的。人体的作息时间是以日来计算的，古人云"日出而作，日落而息"，就是告诫人们要顺应天时生活。经常熬夜对身体已经造成损害，周末再怎么睡觉也是补不回来的。但青少年面对网络信息判断力差，很容易轻信并遵从谣言，从而调整自己的饮食习惯和作息，对身体造成不良影响，危害健康。

2.与公共安全相关的网络谣言

通过发达的网络，我们可以了解全国各地发生的事情，也可以在网络上参与各种社会事务，表达自己的看法。这在一定程度上导致了网民在网络上可能针对一个事件众说纷纭，时间一长，谣言就会混淆视听，让人真假难辨。尤其是在面对社会突发事件或者社会重大事件的时候，各种网络谣言层出不穷。它们除满足人们的猎奇心理之外，也容易让公众对社会公共安全产生焦虑和担忧。处于叛逆期、青春期的青少年性格敏感多变，有时还多愁善感，很容易因为受这些网络谣言的影响而对社会产生负面印象，对自身安全产生不必要的担忧。

曾经有一则"女子被12人轮流棍击"的热搜引发了大量网友的关注和讨论。然而，经过调查核实，这起事件被证实是某些媒体账号在未经充分调查的情况下，仅凭"讲话口音"等模糊线索，将发生在缅甸的事误传为发生在云南普洱的事件。这种不实信息的传播，不仅引发了自媒体的跟风炒作，还制造了负面舆论，误导了公众。有网友对此评论说："造谣的时候阅读量上亿，辟谣时却无人问津""网上的民愤被挑起，群情激愤，各种质问质疑政府，而造谣者却拍拍手，好像什么事都没发生过"。这些评论反映了网络谣言的巨大破坏力。网络谣言不仅会在民众中制造恐慌，还会激起民愤，导致公众对政府的社会治理能力和管理水平产生怀疑。造谣者通过这种方式赢得了流量和关注度，甚至从中牟利。

3.与公共卫生安全相关的网络谣言

与公共卫生安全有关的网络谣言最容易造成人们的恐慌。如食品安全谣言：某品牌的食品中含有有害物质，导致多人中毒；某地的农产品被污染，食用后会引发严重疾病。医疗健康谣言：某种药物可以完全治愈某种疾病，但被政府隐瞒；某医院的治疗方法无效，导致患者病情加重等。这些谣言往往利用公众的恐慌心理和对信息的渴望，通过社交媒体等渠道迅速传播，对公共卫生安全和社会稳定造成了负面影响。

> **案例分享**
>
> 2024年,某网民在社交平台上发布"某学校多名学生因饮用某品牌饮料中毒住院"的虚假信息,引发了家长和社会的恐慌。经调查,该信息为不实内容,发布者为吸引眼球编造了此谣言,公安机关对其进行了批评教育。

上面这个案例中,网民对道听途说的内容信以为真,不假思索地进行网络传播,造成了不良影响。

4.与教育相关的网络谣言

与教育相关的网络谣言是一个突出的问题,不仅容易误导青少年,也让不少学生家长上当受骗。这些谣言通常集中在每年的6月至9月,这段时间正值中考、高考的报考、录取和开学期间,尤其是高考,被很多人视为孩子学习生涯的关键节点。例如,"高考数学平均分创新低""父母失信会影响子女上大学"等谣言,往往会在这一时期引发社会广泛关注,甚至被不法分子用来实施网络诈骗,造成严重的不良影响。有新闻报道显示,一些学生因轻信网络谣言而被诈骗,错失升学机会,令人痛心。

其实,很多与高考相关的谣言大多是"旧谣新炒"。一些别有用心的人利用家长和考生普遍存在的焦虑心理,编造所谓"命题专家""内部指标""百分百保上"等虚假话术,目的是骗取家长和考生的钱财。每年都有家长和考生因此泄露个人信息、遭受经济损失,甚至影响考生的未来发展。

在海南省互联网联合辟谣平台上,我们可以看到,近年来与青少年相关的网络谣言案例时有发生,多与教育和安全有关。比如,"网传未满6周岁的孩子也能上小学"的消息在微信朋友圈被多次转发,引发热议。经海南省教育厅基础教育处相关负责人证实,这是一则虚假信息。还有"网传小学生不取得游泳合格证将影响升学"的谣言也让家长们困惑,甚至有家长抱着"宁可信其有,不可信其无"的心态给孩子报了游泳班。后来,经相关部门证实,游泳合格证与升学并无关联。

从以上网络谣言的表现来看，谣言制造者往往利用网民普遍存在的恐慌心理、猎奇心理以及信息不对称的漏洞来传播谣言。这些谣言言之凿凿，令人难以辨别，社会危害性极大。特别是在重大公共安全事件发生时，一些谣言极易引发民众的恐慌，不仅会危害民众的健康和安全，还会对社会稳定造成负面影响。那么，网络谣言究竟有哪些危害呢？

(二) 网络谣言的危害

网络谣言不但污染了网络生态环境，让真实信息无法令人相信，而且给国家、社会造成了不良影响，对青少年的危害是巨大的。那么，网络谣言都有哪些危害呢？

案例分享

> 1984年11月20日，新德里发生了骚动："你听到那个消息吗？总统可能遇刺了……"11点钟，各国大使馆从他们的印度雇员那里得到这一消息时，混乱达到了顶点。"这不可能！赶快去找提供这个消息的人核实一下！"到了中午，各大通讯社的电话接收台不停地接到惶恐不安的电话：真的吗？是不是真的？13点，在好几个区，一些锡克族和非锡克族的店铺都纷纷将顾客推出门外，急急地拉上栅栏。"你不知道吗？扎伊·辛格总统被杀害了。事儿要闹大了……"下午，银行的职员和雇员纷纷要求尽快回家。学校教师也在预定下课时间之前就匆匆打发学生们回家。19点，新德里到处都在沸沸扬扬地谈论这件事。到了21点，在电视新闻节目中，播音员使谣言寿终正寝(一部分人民很可能会以为电视刚刚宣布了总统的死讯)，他说："扎伊·辛格先生很好。他一直到傍晚，接见了好几起来访者。"电视屏幕上出现了总统的形象。
>
> 这"直冒冷汗的八小时"，源于一个含糊不清的事实，被或远或近参与此事的人认为十分重要。①

---

① 卡普费雷. 谣言: 世界最古老的传媒[M]. 郑若麟, 译. 上海: 上海人民出版社, 2008: 30-31.

1. 网络谣言损害国家形象和政策实施

网络谣言往往歪曲或者夸大国家政策，误导舆论，影响国家政策的顺利实施，或曲解历史，抹黑历史人物，损害国家形象。

（1）歪曲国家政策，阻碍政策实施

2015年4月，《中共中央 国务院关于深化供销合作社综合改革的决定》发布。该决定经媒体报道后引发了关于中国为什么要重建供销社的讨论。其中，个别言论称，供销社曾统一供应农资产品，这意味着要"恢复计划经济"。实际上，这些谣言是利用公众对供销社发展情况的不了解而编造的，是对国家政策的曲解。

重建供销社并非恢复计划经济，而是为了发挥其网点多的优势，提升县域流通服务网络功能，从而助推乡村振兴。供销社从未退出过市场，不存在"重启"，更不是"恢复计划经济"，现在的供销社也是市场经济的参与者。事实是，供销社从未退出过市场，而是顺应社会经济发展规律，扭亏为盈并持续发展。现在的供销社组织架构中，各类出资企业是主体。在全国范围内，供销社拥有几十万个基层网点，这些网点以"小鲜驿站""便民服务点"等形式存在，与普通商超没有区别，因此普通民众往往不会特别关注。

由于部分青少年缺乏社会经验或对国家发展情况不够了解，很容易相信此类网络谣言，从而对国家政策产生错误认知。

（2）曲解历史及历史人物，损害国家形象

曲解历史及历史人物是网络谣言的一大内容，由于其抓住了人们的猎奇心理，因此流传范围广，影响恶劣。具体有：诋毁革命领袖等谣言，如捏造"中共启封'邓颖超日记'供党史研究"的不实信息；诬蔑英雄烈士等谣言，如歪曲狼牙山五壮士的事迹，声称其中两名战士不是"跳崖"而是"溜崖"，诬蔑雷锋同志做好事是假的；歪曲党史军史等谣言，如红军长征没有"二万五千里"，飞夺泸定桥战役不存在，借为周扒皮、黄世仁等地主形象翻案从而否定土改的重大意义等不实内容。

与国家有关的网络谣言多发生在国家公布方针政策或发生重大事件之时，发布者的目的往往是蹭热点、吸引眼球、赚取流量。这类行为不仅对政府形象造成了损害，也不利于国家稳定和团结，更会对青少年的爱国主义信念形成产生负面影响。

2.网络谣言损害社会公共安全

大部分网络谣言都与社会生活有关，涉及社会生活中公共卫生安全、衣食住行等方方面面。网络谣言往往虚构安全事件、渲染社会恐慌，导致人们对社会产生焦虑和恐慌情绪，对社会公共安全危害巨大。

（1）虚构社会事件，渲染社会恐慌

网上曾出现"人贩子偷抢小孩""人贩子借免费清洗油烟机上门踩点"等传闻，涉及天津、山东、浙江、福建等多个地方版本，有的"图文并茂"，添油加醋，有的甚至辅以"残忍杀害""摘取器官"等惊悚细节，似乎可信度很高，但最后都被警方一一证实为网络谣言。这些"小道消息"源于个别网民的臆想加工，不仅没有起到"防拐提示"的作用，反而搞得人心惶惶。我们应警惕这类渲染恐慌的造谣传谣行为给社会安全带来的负面影响。

（2）过度解读热点事件，妨害公共安全

2024年5月12日，四川省成都市成华区长融街与长融西三路路口，黑色"牧马人"吉普越野车车主罗某与路过的张某某因车辆赔偿问题产生争执。个别围观者道听途说、以讹传讹，将未经核实甄别的"传言"发布到网上，其中"我儿子是市长"的谣言传播最广。张某擅自在网上发布现场图片、视频，并配文称"老太太说他儿子是市长"，还将"不实传言"整合成短视频，成为当天各种谣言的主要源头。直播人员饶某某赶到现场后发布诸多不实信息，并煽动网友赶到现场，这些信息的在线观看人数瞬间达到2,000多人，点赞量达2.4万余次，严重扰乱了社会公共秩序。过度解读热点事件容易误导社会舆论，破坏社会稳定，干扰正常的社会秩序，影响公共安全，甚至导致民众被利用，制造社会矛盾，危害社会和谐，青少年要对此提高警惕。

3.网络谣言危害青少年的身心健康

网络谣言对于身心正在成长的青少年来说危害巨大，不仅会影响青少年树立正确的人生观和价值观，还会影响他们的心理健康。

网络谣言的存在影响了青少年对事物的第一直觉，当网络谣言传播的价值观与他们原有的价值观发生冲突、碰撞时，就会使他们对已接受的价值观产生怀疑，进而搞不清自己应该追求什么、舍弃什么。比如，网络上曾流传一张所谓《鲁迅日记》的截图，称其"发薪日逛琉璃厂至怡红院消费"，后经中国互联网联合辟谣平台查证，该日记属于伪造。这类关于历史名人的网络谣言的传播，很容易让辨别力不强的青少年形成错误的认识，使他们对历史名人产生误解，对以往所受的教育产生怀疑，进而影响他们的心理健康。

4. 网络造谣将面临法律制裁

网络造谣不仅包括制造谣言的行为，还包括传播谣言的行为，这些行为都会受到法律的制裁。有学者调查发现，"对我国针对网络谣言的相关法律法规了解程度"方面，超过一半（56%）的调查对象表示有一定的了解，但不是特别清楚；31%的青少年表示了解很少，甚至不了解；仅有13%的青少年十分清楚有关网络谣言的法律法规。可见，青少年对网络造谣所要承担的法律责任认识不足，而青少年一旦成为造谣者或者转发不实信息，也将面临法律的制裁。根据我国现有的法律法规，进行网络造谣将面临三种法律制裁。

（1）民事责任

《中华人民共和国民法典》第九百九十五条规定："人格权受到侵害的，受害人有权依照本法和其他法律的规定请求行为人承担民事责任。受害人的停止侵害、排除妨碍、消除危险、消除影响、恢复名誉、赔礼道歉请求权，不适用诉讼时效的规定（即不受诉讼时效的限制）。"第一千一百九十四条规定："网络用户、网络服务提供者利用网络侵害他人民事权益的，应当承担侵权责任。"

（2）行政责任

《中华人民共和国治安管理处罚法》第二十五条规定："有下列行为之一的，处五日以上十日以下拘留，可以并处五百元以下罚款；情节较轻的，处五日以下拘留或者五百元以下罚款：（一）散布谣言，谎报险情、疫情、警情或者以其他方法故意扰乱公共秩序的；（二）投放虚假的爆炸性、毒害性、放射性、腐蚀性物质或者传染病病原体等危险物质扰乱公共秩序的；（三）扬言实施放火、爆炸、投放危险物质扰乱公共秩序的。"

（3）刑事责任

《中华人民共和国刑法》第二百九十一条之一规定："编造虚假的险情、疫情、灾情、警情，在信息网络或者其他媒体上传播，或者明知是上述虚假信息，故意在信息网络或者其他媒体上传播，严重扰乱社会秩序的，处三年以下有期徒刑、拘役或者管制；造成严重后果的，处三年以上七年以下有期徒刑。"第二百九十三条规定："有下列寻衅滋事行为之一，破坏社会秩序的，处五年以下有期徒刑、拘役或者管制：……（四）在公共场所起哄闹事，造成公共场所秩序严重混乱的。纠集他人多次实施前款行为，严重破坏社会秩序的，处五年以上十年以下有期徒刑，可以并处罚金。"

> **案例分享**
>
> 甘肃省天水市张家川回族自治县张川镇曾发生一起命案，一歌厅从业人员高某非正常死亡。在案件侦办过程中，在高某死因未确定的情况下，当地初三学生杨某便在其微博、QQ空间发布所谓高某死亡真相的信息误导群众。他造谣发布"警察与群众争执，殴打死者家属""凶手警察早知道了""看来必须得游行了"等虚假信息并煽动网友游行，导致高某系他杀的言论大量传播，严重妨害了社会管理秩序，造成了恶劣的社会影响。因"情节严重，发帖转载500次以上"，16岁的杨某因涉嫌犯寻衅滋事罪被刑拘。后该县发布官方信息证实高某系高空坠落致颅脑损伤死亡。警方鉴于杨某为未成年人，依法撤销了对杨某的刑事责任追究，予以从轻处罚。（根据媒体报道整理）

在上述案例中，杨某的行为显然造成了不良的社会影响，触犯了相关法律，虽然他最终免于刑事处罚，但事件本身的轰动效应对其身心发展亦造成了一定的影响。更何况，人们并不是每次都能这么幸运地躲过法律的制裁，如果造成的社会损害更大，无论什么人都将付出接受法律惩罚的代价。

由此可见，转发网络谣言很容易，动动手指就可以。由于网络传播的迅速性和广泛性，网络谣言的危害是严重的。这同时也说明，网络不是法外之地，就算是青少年，也将为自己的错误行为付出相应的代价。

（三）网络谣言的识别和防范

对于网络谣言的危害，相信大家都有了一定的了解。对此，国家也在加大力度进行网络谣言的治理，加大造谣传谣行为惩治力度，查处曝光典型案例，以形成强大的震慑力，最大限度地挤压网络谣言和虚假信息的生存空间，营造清朗的网络环境。而作为网络谣言的受害者，青少年更应该提高自身的网络媒介素养，不仅要学会识别网络谣言，还要有意识地进行防范，积极学习网络知识，遇事寻找正规解决方式，做到不信谣、不传谣、不造谣（图2.1）。

图2.1　中央网信办举报中心等部门联合发布的预防网络谣言宣传海报

（图片来源：中国互联网联合辟谣平台）

1. 网络谣言的识别

（1）网络谣言与真实信息的区别

作为虚假信息的网络谣言毕竟不是真实发生的事情，与真实信息之间存在诸多差异，经不起推敲。因此，青少年在发布、转发或评论网络信息时，不能急于一时，而应冷静分析、识别信息是否真实，只有这样，才能尽可能远离网络谣言（表2.1）。

表2.1 网络谣言与真实信息的区别

类 别	网络谣言	真实信息
信息来源	来源模糊、隐蔽性强	来源于权威媒介如主流媒体或官方网站
信息特点	耸人听闻、蛊惑性大	冷静客观
传播目的	赚取网络流量	广而告之
表现手法	捕风捉影	客观翔实
信息结果	造成社会恐慌、焦虑，不利于社会发展	达成理解和共识，有利于社会发展

从以上几方面出发，青少年在面对网络信息的时候，就可以轻松地识别网络谣言，提高上网安全性。

（2）访问网络辟谣权威网站

为方便网民查证，目前各省都开辟了网络辟谣平台，如海南省互联网联合辟谣平台，这类平台便于网民查询与某一地区有关的辟谣信息，以下列举部分通用的官方辟谣平台和社交平台的辟谣渠道，供青少年访问求证。

◎中国互联网联合辟谣平台：http://www.piyao.org.cn/

◎科学辟谣：https://piyao.kepuchina.cn/

◎海南省互联网联合辟谣平台：http://www.hinews.cn/piyao/

◎中国食品辟谣网：http://www.xinhuanet.com.cn/food/sppy

◎人民网"求真"栏目：http://society.people.com.cn/GB/229589/index.html

◎头条辟谣：https://www.toutiao.com/c/user/token/MS4wLjABAAAAC6iKyx7z-k1NhYbBohkLPYdPcJTXQlD2Z-bm2sE9u_U/?

◎微博辟谣：https://weibo.com/1866405545

◎腾讯较真：https://vp.fact.qq.com/home

◎百度辟谣：https://author.baidu.com/home/15060

◎新浪捉谣记：http://piyao.sina.cn/

（3）警惕AI造谣

AI是人工智能（Artificial Intelligence）的英文缩写。AI领域的研究包括机器人、语言识别、图像识别、自然语言处理和专家系统等。目前，网络上的AI写作、AI换脸技术已经非常成熟：只要输入关键词就可以利用"AI文本生成器"写出你想要的文字；只要有你的视频或图片，通过AI技术就可以换脸。2023年5月22日，中国互联网协会发文提示大家警惕"AI换脸"新骗局。利用AI变声、换脸等技术生成虚假音频、视频进行诈骗、诽谤的违法行为屡见不鲜。面对这种利用新智能技术造谣的严峻形势，青少年必须提高警惕，凡是网络中的信息，都要在心里打个问号，小心求证，只有这样，才能避免上当受骗。

2.网络谣言的防范

防范网络谣言应从社会主体与青少年两方面着手。一方面，以国家为主导的社会主体应积极打击网络谣言，全方位、常态化治理谣言，降低青少年接触谣言的概率与频次；另一方面，青少年应从自身出发，培养网络媒介素养，提升防谣能力。

（1）社会主体应为青少年营造清朗的网络环境

2022年3月17日，国务院新闻办公室举行新闻发布会，介绍了2022年"清朗"系列专项行动有关情况，提出建立溯源机制。自2022年9月2日起，中央网信办部署开展了为期3个月的"清朗·打击网络谣言和虚假信息"专项行动。这些措施和行动得到了媒体和网络社交平台的积极响应，对网络谣言的预防和处置起到了积极作用。其中，"清朗·打击网络谣言和虚假信息"专项行动更是针对网络谣言和虚假信息展开了多方面、多角度的治理工作，从"坚持分类研判处置、加大溯源追责力度、健全完善辟谣机制、压实平台主体责任"四个方面入手，对网络谣言和虚假信息进行治理。

据报道，2024年全国网信系统全面推进严格规范公正文明执法，严厉打击各类网络违法违规行为，持续增强网络执法震慑力，切实维护网络空间清朗。全国网信系统依法对11,159家网站平台予以约谈，对4,046家网站平台实施警告或罚款处罚，责令585家网站暂停有关功能或信息更新，下架移动应用程序200款，处置小程序40款，会同电信主管部门取消违法网站许可或备案、关闭违法网站10,946家，督促相关网站平台落实主体责任，依法依约关闭账号107,802个。可以说，国家持续发力，重拳出击，治理网络谣言，网络环境治理力度不断加大。扫除网络谣言、清朗网络空间已成为社会共识，如图2.2所示。

图 2.2　中央网信办举报中心等部门发布的宣传海报

（图片来源：中国互联网联合辟谣平台）

（2）青少年应提高自身素质，不信谣、不传谣、不造谣

英国作家萧伯纳说过："自由意味着责任。"在网络时代，青少年享有言论自由的权利，但同时也肩负着守护清朗网络空间的责任。面对网络谣言，青少年不仅要提高警惕，及时识别网络谣言，还要从多方面提升自身的防范意识。具体来说，可从以下几方面入手。

首先，充分利用学校资源。青少年应该积极利用学校的思想品德课、班会等交流机会，向老师请教自己遇到的问题和困惑，寻求老师的帮助。老师能够借助社会经验和学识为青少年答疑解惑。学校应该成为青少年获取知识和解决问题的首选渠道，所谓"真理越辩越明"，通过与老师或同学的讨论，青少年能够更清晰地分辨网络信息的真伪。

其次，青少年应主动向家人寻求帮助。在闲暇时，青少年可以与家人分享自己在网络中看到的超出认知范围的信息，如国际政治动态、国家大事、专业领域的知识，听取家人的见解，集思广益。家是温馨的港湾，家人的陪伴和支持能够帮助青少年化解困惑和恐慌，从而更有效地防范网络谣言。

再次，青少年要不断学习，提升网络素养。作为在科技飞速发展时代成长的一代，青少年在享受网络带来的便利的同时，也应努力拓宽知识面，关注时事政治，学习网络知识、历史知识和生活常识等。丰富的知识储备能够帮助青少年辨别网络谣言。同时，青少年应善用网络资源，如人民网、新华网等权威平台以及百度等搜索引擎，通过多渠道收集信息，增强防范网络谣言的能力。

最后，自律是维护网络环境的关键。"勿以恶小而为之，勿以善小而不为。"青少年在网络交往中应严格遵守网络规范，做到"三不"：不信谣、不传谣、不造谣。面对不确定的信息，青少年要提高警惕，凡事搜一搜、问一问、聊一聊、等一等，只有增强防范意识，才能避免被网络谣言误导，从而健康地参与网络社交。

知识拓展

美国

2010年5月7日，美国皮尤研究中心发布的一项调查表明，32%的美国青少年曾有过被人在网上散播谣言、公布私人电子邮件等被欺凌和骚扰的经历。

自1991年处理首例网络谣言侵权案以来，美国已制定《联邦禁止利用电脑犯罪法》《电脑犯罪法》《儿童互联网保护法》等130余部法规，对包括谣言在内的网络传播内容加以规制。

英国

2001年英国实施《调查权管理法》，要求所有网络服务提供商通过政府技术支持中心发送信息包。在英国，互联网服务提供商在法律上要对托管服务器上的内容负责。英国对网络谣言的治理有一个特别之处：英国的很多社区都设立了公民咨询局，为公众提供针对网上不确定性信息的咨询和帮助，包括法律层面、社会服务层面的咨询和服务，青少年以及无家可归者在上网时遇到问题可向其咨询。英国这一系列治理措施起到了遏制谣言的作用。

俄罗斯

自2008年起，俄罗斯政府在联邦安全局、联邦媒体与文化管理局和内务部内成立了专门机构，开展网络监管。俄罗斯将网络互动平台作为重点，对网民留言、论坛帖子实行24小时严格监控，并借助技术手段及时甄别，尽可能地把网络谣言的产生与传播消灭在萌芽阶段。

2021年，中国互联网联合辟谣平台推出"辟谣师"答题小程序(图2.3)，旨在提升公众对网络谣言的辨别力，引导公众不信谣、不传谣。微信扫描图片下方二维码即可选择角色参与答题，测测自己的识谣能力吧！

图2.3 中国互联网联合辟谣平台推出的"辟谣师"答题小程序

思考题

1.在进行网络社交时，同学们不妨根据以上学习的知识找出几条网络谣言，与老师、同学及家长一起讨论、求证，以增强自己的网络谣言识别能力。

2.尝试拟定一个防谣辟谣习惯养成时间表，提高自己的媒介素养。

三、网络暴力及防范

近年来，网络暴力事件频发，不仅造成了负面的社会影响，也令受害者深受其害。《2021年全国未成年人互联网使用情况研究报告》数据显示，未成年网民在网上遭到讽刺或谩骂的比例为16.6%；自己或亲友在网上遭到恶意骚扰的比例为7.0%；个人信息未经允许在网上被公开的比例为6.1%。未成年群体尚未形成成熟的道德观、价值观，极易受到网络暴力等互联网负面事件的消极影响。那么，网络暴力到底该如何界定？又有哪些特点和类型呢？让我们通过以下经典案例来一探究竟。

案例分享

案例一：2019年，喜剧演员潘长江在参加综艺节目时，游戏中出现了一位偶像艺人的照片。由于潘长江未能认出这位偶像艺人，其社交账号评论区涌入大量激烈言论甚至谩骂，对潘长江本人及其家人造成了伤害。潘长江在社交平台上发布动态回应了这一事件。随后，那位偶像艺人也评论了潘长江的动态，表达了对前辈的敬意和歉意。

案例二：2018年9月9日，一条微博称杭州一名孕妇在小区遛狗时被一名网红殴打，导致先兆早产并住院。该事件在网络上引发了网友的热烈讨论。孕妇在微博中表示，对方对自己进行了言语攻击和肢体碰撞。而涉事网红在事后也发微博称自己并未动手，事件由此出现多次反转。在此过程中，该网红和该孕妇遭受到了不同程度的网络暴力。这种网络暴力行为不仅对当事人造成了精神上的伤害，还引发了网络空间的混乱和网友的对立。

以上两个案例分别对应两类网络暴力事件，即明星娱乐类和社会民生类。通过以上案例，我们对网络暴力有了初步了解。在网络暴力发生并造成网络舆情①的事件中，部分网民通过言语暴力、人身攻击、泄露隐私、人肉搜索、线下攻击等方式给舆情当事人造成了一定的心理或生理伤害，将普通的网络舆情事件升级为对某一主体的群体攻击，其后果可能是扰乱他人正常的生活秩序、破坏互联网的健康生态，

---

① 舆情：公众对某种事件、政策、问题的普遍看法、反应和意见的总和。

甚至引发更为恶劣的后果。

(一) 网络暴力的表现形式

网络暴力的表现形式多种多样,如恶意剪辑、恶意修图、煽动对立等,因此,网络暴力并未远离我们的日常生活,而是潜伏在现实空间与网络空间中,一经触发便呈现出野蛮生长的态势。对于网络暴力的表现,我们可以从两大维度去归纳。首先,就具体形式而言,网络暴力可以分为以文字、图片、视频为主的攻击辱骂,侵犯他人隐私的人肉搜索以及捏造事实的造谣诽谤①;其次,从发生空间来看,网络暴力可划分为单纯线上的网络暴力、由线上延伸至线下的网络暴力以及由线下发展到线上的网络暴力,如图2.4所示。值得注意的是,发生在青少年身上的网络暴力大多表现为线上线下相结合的样态。下面我们将结合具体案例来分析网络暴力的基本形式,讲解网络暴力在不同空间的具体表现。

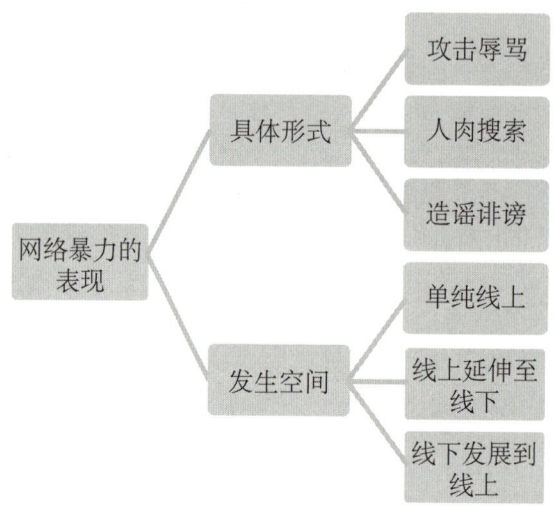

图2.4 网络暴力的表现

1.网络暴力的具体形式

(1)以文字、图片、视频为主的攻击辱骂

"键盘侠"②在面对与自身看法不一致的人或社会热点事件时,在网上通过文

---

① 诽谤,指故意捏造并散布虚构的事实,足以贬损他人人格并破坏他人名誉,情节严重的行为。
② "键盘侠"是指那些在网络上发表激进、攻击性或煽动性言论的人,他们往往以道德卫士自居,但在现实生活中未必如此。

字、图片、视频等形式,针对某一人或某个群体进行大规模的人身攻击,具体手段包括恶意剪辑、修图抹黑、私信轰炸等。

> **案例分享**
>
> 2021年7月21日,国货品牌鸿星尔克为河南水灾捐款5,000万元,引起了网友们广泛关注。同时,汇源、白象、盼盼、贵人鸟等一批企业也捐了款,甚至连自身处在受灾严重地区的蜜雪冰城,也不声不响地参与了救灾援助。然而,国货品牌的善举却引发了网友的"野性消费",一些网民在宣泄激情之余,跑到其他企业直播间发布"逼捐"等攻击性言论,甚至用低俗的言语攻击主播的外貌,导致正常经营的主播被骂到痛哭离场。这些直播截图和录屏被制作成带有恶意的鬼畜视频[①],并在社交媒体平台散布,影响十分恶劣。

在上述案例中,国货品牌低调捐款的善意之举,却被部分网民激化为恶性网络暴力事件。网络中潜伏的"键盘侠"们涌入相关企业的网络直播间,对主播等工作人员造成伤害,严重影响了企业的正常经营。刻薄的字眼、恶意羞辱的视频给企业带来了巨大的创伤。此事件为网民敲响了警钟:互联网虽然自由,但语言的力量可以伤害到他人,因此,网民应时刻谨言慎行,避免让自己的行为成为网络暴力的源头。

(2)侵犯他人隐私的人肉搜索

人肉搜索是一种以互联网为媒介,基于人工方式对信息进行核实与筛选,并通过匿名知情人提供数据的方式去搜集关于特定人或事的信息,以查找人物身份或事件真相的群众运动。人肉搜索作为网络暴力的主要表现形式之一,具有侵犯隐私、参与度高、传播速度快、后续影响恶劣等特点。

> **案例分享**
>
> 2018年8月20日,四川德阳的安医生和丈夫去游泳,两名13岁男孩在泳池

---

① 鬼畜视频也称搞怪视频,通常以高度同步、快速重复的素材配以背景音乐制作而成,内容通常为热点事件,目的是达到戏谑、恶搞的效果,但也常因其低俗、恶意的内容而备受争议。

里由于拥挤不小心或有意与安医生有了肢体接触,随后安医生要求男孩道歉,男孩拒绝并朝其吐口水,其丈夫一怒之下将男孩往水里按。现场视频经部分网络媒体夸大传播后,安医生被网友人肉搜索,工作单位和家庭地址被接连曝光,安医生本人及家人不断受到电话、短信等多种形式的骚扰恐吓。2018年8月25日,安医生不堪压力选择自杀,最终经抢救无效身亡。

人肉搜索最终酿成了两个家庭不可挽回的悲剧,从这起网络暴力事件中我们可以发现,从事情发生到受害者不堪压力选择结束生命仅历时五天,可见以非法渠道获取并曝光他人隐私的人肉搜索行为造成的负面影响之大。

(3)捏造事实的造谣诽谤

近年来,随着互联网的快速发展,个人及非媒体单位的自媒体账号迅速崛起。一方面,这些自媒体极大地丰富了网络信息内容的生产,为用户提供了多样化的信息来源;另一方面,它们也导致用户在海量信息中迷失方向,难以辨别信息的真伪,甚至相信虚假信息。部分账号为了吸引眼球、博取关注,随意编造并传播虚假消息,捕风捉影,制造大量谣言,严重扰乱了网络秩序。这些行为不仅污染了网络环境,还对他人或组织的名誉造成了损害,使被造谣者深受其扰,网络空间也因此变得乌烟瘴气。

案例分享

2020年7月,杭州某便利店店主郎某偷拍了吴女士在自家小区门口取快递的视频。随后,郎某与何某分别伪装成快递员和一位独自在家照顾孩子的"小富婆",并以虚假身份在微信上聊天,编造出"少妇出轨快递小哥"的故事,发布到网络平台。该虚假信息在网络上被大量转发,在110多个群、涉及两万余人的圈子中广泛传播。不明真相的网民纷纷对吴女士和快递小哥进行指责和辱骂。由于舆论压力,吴女士所在的公司将其解雇,她的朋友也因不了解真相而责备她,甚至她的男友也因此失去了工作。

无论谣言最终是否被澄清，其对被造谣者造成的伤害往往是难以弥补的。在网络空间充斥着情绪化氛围的当下，许多人贪图一时的快意而造谣，似乎将造谣当成了发泄情绪的出口。然而，真正关心真相的人寥寥无几。当真相最终浮出水面时，被造谣者所遭受的损失和伤害往往难以挽回。

2.网络暴力的发生空间

第一，单纯线上的网络暴力，指在网络中发表侵害他人合法权益的不当言论，组织攻击他人的暴力活动。互联网作为施暴人利用的工具，具备匿名性强、用户基数庞大、信息传播速度快、辐射范围广等特点。其具体流程通常是：首先，确定网络暴力目标，这类目标往往是自带流量和话题的明星、网红，或者是社会热点事件的当事人；其次，制订网络暴力计划，在网络上进行渲染、预热，通过发布情绪化文字来煽动网友对立；最后，进入实施阶段，前期积攒的负能量与消极影响瞬间爆发。因此，线上网络暴力绝非简单的骂战，而是一种蓄谋已久的恶意网络侵扰。

第二，由线上延伸至线下的网络暴力，指施暴者不仅在线上进行言语攻击，还将网络中的暴力行为延伸至现实生活。相比于单纯在线上实施的网络暴力，延伸至线下的暴力行为的消极影响更加深远，并直接威胁到受害者的生命及财产安全，若不及时制止可能会酿成暴力犯罪的恶果。其具体流程分为线上部分及线下部分：线上进行的网络暴力同上文，不再赘述；线下部分的暴力行为主要以跟踪、贴大字报、电话骚扰、寄恐吓快递、泼洒污秽物等方式进行。线下部分的暴力行为会扰乱社会秩序，带来公共安全隐患。

第三，由线下发展至线上的网络暴力。这种暴力事件大多发生在校园中，最常见的表现形式是校园霸凌。青少年尚未形成成熟的人生观、价值观，容易将线下暴力行为盲目地视为"有面子"，标榜暴力是特立独行的"酷"行为。他们将自己在校园中对他人施暴的视频发布至网络平台，以彰显自身的"优越感"，渴望以此得到他人的关注与崇拜，寻求所谓身份认同。

(二)网络暴力的危害

网络暴力在社会层面的危害包括对网络环境和现实环境造成的不良影响。与此同时,网络暴力也会对人造成直接危害,网络暴力的受害者、实施者、旁观者均会受到生理与心理的双重伤害,如图2.5所示。

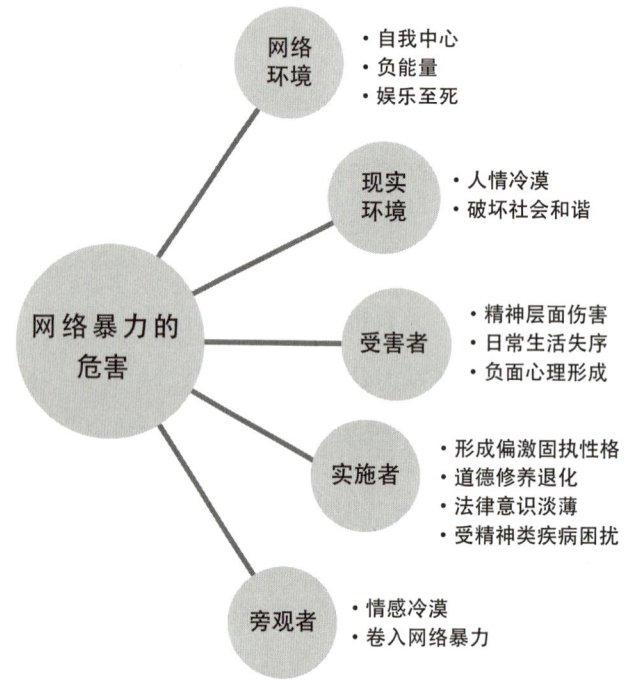

图2.5 网络暴力的危害

1.网络暴力对社会的危害

(1)对网络环境造成不良影响

网络暴力的蔓延使网络秩序陷入混乱,成为人们构筑清朗网络空间路上的绊脚石。首先,大量网民在过往参与或围观网络暴力事件的过程中,形成了以自我为中心的网络意识。这种意识导致他们难以接受不同意见,敌对心理贯穿其上网全过程。虚拟身份成为其挡箭牌,让他们在网络中戴上了面具,毫无顾忌地挑起、煽动对立情绪。一旦遇到与自身意见不一致的观点或评论,他们便毫不犹豫地对他人进行言语攻击、谩骂,以彰显自身观点的"优越性"。长此以往,原本开放包容的网络实则成了一个以自我为中心的信息茧房[①];本应联结万物的互联网内部不断割裂,变成了难以攻克的意见壁垒,极化思想[②]渗透于网络的每一处空间。

其次,网络暴力散发的负能量与戾气长期滞留在网络空间,网络暴力事件频繁发生,其附带的负能量持续累积,使得网络环境与人们盼望的清朗空间背道而驰。例如,当人们点开一条分享日常生活的微博时,评论区常有网民对他人的外貌、生活进行恶意揣测甚至进行冷嘲热讽的评论。原本用于记录生活的微博却成为素不相识之人输出负能量与戾气的情绪垃圾场。除此之外,微博、抖音、贴吧等社交平台每日的热搜话题讨论也沦为消极、负面情绪发泄的重灾区,致使许多账号不得不开启精选评论模式或直接关闭评论功能。负面事物的影响力与渗透力极强,持续输出的消极词汇、语句、表情符号严重污染了清朗的网络环境。

最后,网络暴力让网络上的乌合之众沉浸在娱乐至死的狂欢里,尼尔·波兹曼有言:"如果一个民族分心于繁杂琐事,如果文化生活被重新定义为娱乐的周而复始,如果严肃的公众对话变成了幼稚的婴儿语言,总而言之,如果人民蜕化为被动的受众,而一切公共事务形同杂耍,那么这个民族就会发现自己危在旦夕,文化灭亡的命运就在劫难逃。"[③]例如,以粉丝骂战为导火索的网络暴力事件屡见不鲜,粉丝通过对骂、拉踩等方式投入参与感极高的喧嚣"狂欢"中。部分营销号与艺人团队联手,将粉丝间的互相攻击作为流量噱头,毫无底线地搅浑水,以实现后续的商业变现。在这种流水线般的重复操作下,网络环境变得乌烟瘴气。

(2)对现实环境造成不良影响

网络暴力的负面影响并未因网络的限制局限于受害者群体范围。网络暴力行为不仅严重破坏了虚拟网络空间,还会蔓延至现实生活;其负面影响不但会作用于网络环境,而且会作用于现实生活。

在后真相时代[④],情绪、情感的重要性往往超越事实。当某一事件成为社会热

---

① 信息茧房,指人们在获取信息时只以自己的兴趣和关注点为方向,久而久之便将自己束缚于像蚕茧一样的信息茧房中。
② 极化思想,指在网络空间中,由于与某一事件相关的信息过多,在平台数据推送算法的推动下,人们容易形成一边倒的意见或观点,并因此产生极端的思想或情绪,不利于其理性看待事件的发生与发展。
③ 波兹曼.娱乐至死[M].章艳,译.北京:中信出版社,2004:202.
④ 后真相时代,即在这个时代,真相没有被篡改,也没有被质疑,但其重要性被弱化。人们不再相信真相,只相信感觉,只愿意去听想听的东西、去看想看的东西。

点后,人们便急于从事件中找到情感宣泄口,受情绪的裹挟而对当事人或物做出非黑即白的判断,跟风发表意见,造成某一观点的极端化,进而催生网络暴力。当事件发生反转时,当初站在对立面的人又迅速倒向另一边,网络暴力的戏码再度上演。真相在这些人眼中并不重要,他们需要的仅仅是可攻击的目标(人或物)。舆论的一再反转,使网络暴力一波未平一波又起,进而导致媒体公信力大幅下降,人们不愿再轻易相信网络所呈现的热点事件的是非对错。当"事不关己,高高挂起"的心态弥漫在社会空间时,人情逐渐变得冷漠,社会的和谐氛围就会被打破,每个人都仿佛是孤立的个体,对他人漠不关心。

由此可见,网络暴力通过反复挑战人们的心理底线而对现实环境造成不良影响。它以一种间接渗透的方式进行传播,这种日积月累的负面影响一旦被触发,便可能形成不可逆的恶性循环。

网络暴力还极易转化为现实暴力,激发矛盾,进而破坏现实社会的和谐稳定。施暴者在施暴后受到大众谴责,其在承受生理和心理的双重折磨的同时,也在悄然侵蚀人际交往中的信任与社会和谐氛围。这具体表现为现实社会的人际交往受到网络暴力的消极影响而走向冷淡、疏离。网络暴力实施者长期的"键盘侠"行为内化为其处世的基本行为模式,即使脱离网络,他们在现实生活中也将随意的网络行为方式施加于他人。这种饱含敌意和对抗的行为模式加剧了社会交往的不和谐,催化了社会群体矛盾冲突的发生。若任其发展,不加以引导与阻止,便可能引发不堪设想的社会现实矛盾。

2.网络暴力对人的危害

(1)对网络暴力受害者造成不良影响

网络暴力受害者指因网络上针对其发布的诽谤性、污蔑性言论而使其合法权益受到侵害的个体。网络暴力受害者经历了生理与心理的双重折磨,身心健康受损,其现实生活与合法权益均受到不同程度的消极影响。

首先是精神层面,网络暴力给受害者带来的心灵创伤使许多受害者患上焦虑症、抑郁症等精神类疾病,他们在情绪上时而易怒,时而有强烈的挫败感、羞耻感,甚至产生轻生的念头。还有一部分受害者会走向另一个极端,遭受网络暴力的经历使他们在心中埋下仇恨的种子,从而性情大变,身份也由受害者转为施暴者,表现为一种偏激、过度的自我保护。他们通过对他人施加欺凌来获得更高的社交地位,以缓解内心的长期焦虑与痛苦。

其次是受害者的现实生活受到网络暴力的持续性影响。恶性网络暴力事件往往伴随着人肉搜索行为,导致受害者及其家人、朋友的个人信息被全面曝光。一方面,这种个人信息的透明化给其带来无尽的人身安全隐患,被恐吓、被泼油漆、被跟踪等情况时有发生;另一方面,网络暴力事件作为负面事件,传播范围之广、速度之快超乎想象,受害者常常面临"社会性死亡"①,因难以应对周围同事、邻居等的议论与另眼相待,被迫辞职、搬家乃至轻生。

遭受网络暴力的经历还与负面心理的产生有千丝万缕的联系,尤其对于处在成长期的青少年而言,网络暴力易使他们产生逃学、旷课、回避学校活动的消极想法,甚至由厌学最终走向辍学,让本该享受美好校园学习时光的大好年华变得黯淡无光。青少年时期因网络暴力受到的伤害会持续延伸至受害者的成年生活中,如使其无法拥有健康的社交关系或遭受一系列经济损失等。因此,网络暴力会给受害者的精神与现实生活带来不可估量的损害,其危害性是持久的。受害者的隐私权、名誉权、肖像权、财产权、身体完整权、健康权等合法权益均可能受到侵害。

(2)对网络暴力实施者造成不良影响

网络暴力的实施者指网络暴力的行为主体。提到网络暴力的危害,我们时常忽略其对施暴者本身也会产生不良影响。

第一,施暴者会逐步形成偏激固执的网络性格。在网络中习惯性地肆意妄为、随心所欲地发言,使得施暴者极易与他人产生对立,一言不合便进行攻击和辱骂。长此以往,施暴者的世界观便会固化,在单一思维认知模式下,他们不容许不一致的观点出现。这种嚣张跋扈的性格从虚拟世界延伸至现实世界,导致他们与周围亲友关系恶化,自此陷入偏执的恶性循环中。

第二,施暴者的道德修养逐渐退化。施暴者在网络中对他人进行言语暴力攻击时往往打着伸张正义的旗号,站在道德制高点上对人或对事进行审判,而所谓道

---

① 社会性死亡即"社死",指某人因在大众面前出丑或在社会交往中出丑而导致自己无法进行正常的社会交往。

德标准不过是其维护自我中心主义的幌子。施暴者所鼓吹的言论自由实际上是言语暴力自由。施暴者在现实社会中面对面交流时有所顾忌，而网络的虚拟性和匿名性使他们的道德感锐减，道德修养在他们肆无忌惮的言语攻击中完全无从体现。

第三，施暴者的法律意识淡薄。许多施暴者缺乏法律意识，认为在网络上发表几句不当言论或发布几张图片不算违法犯罪，且由于网络暴力多为群体行为，个人隐藏在群体中，施暴者存在"法不责众"的侥幸心理，从而越发肆无忌惮。然而，俗话说"常在河边走，哪有不湿鞋"，当法律意识在侥幸心理影响下逐渐淡化时，施暴者触犯法律的风险实际上是在不断增加的。心中没有了对法律的敬畏，他们就更容易突破法律的底线。

第四，施暴者受到精神类疾病的困扰。实施网络暴力往往是一种畸形的情绪宣泄方式。施暴者试图通过在网络上对他人施暴来发泄自己在现实生活中积累的负面情绪。然而，这种短暂的快感并不能从根本上解决他们内心的空虚和焦虑，反而可能导致长期积压的负能量进一步恶化，甚至发展为抑郁症、躁郁症等精神疾病。一些施暴者还会出现自残行为，试图通过"以暴制暴"的方式来获得内心的平衡。同时，网络暴力还存在"暴力反噬"现象。施暴者在对他人实施网络暴力时，可能会遭到受害者的自卫反击，从而遭受更严重的"反向网络暴力"。这种"反噬"不仅会加剧施暴者的心理创伤，还会使他们的精神状况陷入更加糟糕的境地。

（3）对网络暴力旁观者造成不良影响

网络暴力旁观者是指那些目击网络暴力事件的个体，包括知情者、目击者、干预者。除了施暴者和受害者之外，网络暴力的危害同样会波及旁观者。

网络暴力会导致旁观者情感冷漠。每当网络暴力事件发生时，旁观者会面临两难的选择：是勇敢发声，还是沉默围观？尤其是当事件频繁反转时，旁观者会逐渐丧失对媒体的信任，产生一种情感被无端浪费的负面心理。因此，当再次面对网络暴力事件时，他们往往会表现出冷漠和无动于衷的态度。如果这种情感冷漠的状态被带入现实生活，社会氛围将受到极大影响，"互助和谐"的价值观可能会被"事不关己"的冷漠所取代。

此外，情感冷漠的早期表现之一是"沉默的螺旋"所引发的从众行为。"沉默的螺旋"是指大多数人为了避免因持有某些观点而被他人孤立，通常会在与他人意见不一致时选择沉默,以隐藏自己的真实想法。长期的从众和沉默最终会导致情感冷漠。对于旁观者而言,网络暴力事件可能只是茶余饭后的谈资,但这种冷漠的态度会对社会和人情关系产生负面影响,是十分可悲的。

旁观网络暴力的危害还表现为旁观者会不同程度地被卷入网络暴力,这种卷入对旁观者有以下几种危害:

一是对旁观者造成心理伤害。每当看到他人的不幸,部分旁观者会换位思考,代入自我,从而感受到替代性的痛苦和惶恐。恶毒的话语、极具冲击力的图片和视频都会对他们的心灵产生强烈的震慑作用。

二是旁观者有可能不自觉地参与网络暴力事件。旁观者容易受到情绪化因素的影响,被网络暴力事件中的煽动性言论感染。这些言论往往并非粗俗的辱骂,那些看似中立、客观的评价实则带有偏向性和煽动性。旁观者一旦跟风发表此类言论,便不知不觉地加入了施暴者的行列,与施暴者同流合污。

三是围观网络暴力还可能使旁观者沦为下一个受害者。一些旁观者在发表自己的意见和看法时,无论其观点与大多数人一致,还是见解独特,都可能遭遇意见不同的"键盘侠"的攻击。这些"键盘侠"的一句话,就可能使原本无辜的旁观者成为新的网络暴力受害者。

(三) 网络暴力的防范

1.网络暴力产生的原因

在探究网络暴力的防范与治理前,我们需要厘清网络暴力产生的原因,如图2.6所示。

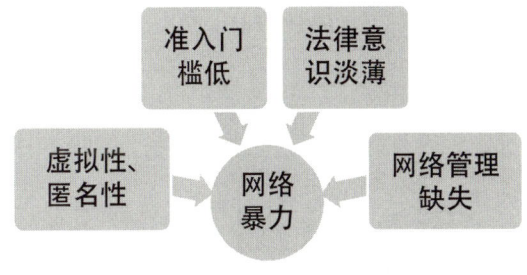

图2.6 网络暴力产生的原因

首先是网络环境的虚拟性、匿名性，这两个特点使网民可以在网络空间中隐藏真实身份，现实社会的道德感在网络的匿名交往中被消解。这一方面增加了传播的隐秘性，另一方面又降低了网民的社会责任感，"网言无忌"成为网民肆意宣泄情绪、攻击他人的挡箭牌。

其次是互联网准入门槛较低，没有社会地位与年龄的限制。我国网民低龄化趋势明显，成年人在宽松的网络环境中尚且难以约束自身言行，青少年的自制力更显不足，且网络信息质量参差不齐、真假混杂。互联网作为内容交互的平台，传播速度较快，青少年在面对难以判断真伪的海量信息时易冲动发言，并进一步导致网络暴力事件的发生。

再次是网民的法律意识淡薄，如前文所说，我国网民年龄呈低龄化趋势，许多网民为小学、初中学龄的青少年。低龄青少年认知水平较低、法律知识匮乏、法律意识淡薄，因此，他们对实施网络暴力所需承担的相应法律责任了解甚少。同时，也有一部分成年人知法犯法，认为法不责众，抱着侥幸心理"顶风作案"，实施网络暴力行为。

最后是网络管理的不当与缺失为网络暴力的蔓延提供了空间。与互联网的快速发展形成鲜明对比的是，网络管理领域的法律法规的制定还较为滞后，网络领域成为管理的灰色地带和模糊区域，因此，网络暴力的滋生便有了可乘之机。一些运营平台为获得商业利益，试图钻法律的空子，并运用资本手段进行恶意炒作，以致引发网络暴力、酿成恶果。

2.网络暴力的防范措施

（1）政府层面

政府可采取以下措施有效防范网络暴力：首先，建立社会矛盾疏导机制。网络暴力多源于积压的矛盾，建立大事化小、小事化了的调解机制，关注民众情绪，提升生活满意度，能从源头掐断网络暴力导火索。其次，加快立法进程，明确言论自由底线，确定网络暴力违法主体。多数施暴者因侥幸心理钻法律空子，相关法律的出台能对其起到震慑作用。法律与政府监管双管齐下，可以在一定程度上减少网络暴力引发的悲剧。最后，政府应加强普法力度，开展网民法律教育和网络道德建设。

部分施暴者因法律意识淡薄触碰了法律底线，普法教育有助于减少"法盲"，提升网民的道德修养，营造和谐的网络环境。总之，政府建立矛盾疏导机制，立法、普法并举，能有效预防网络暴力事件的发生。

当网络暴力事件发生时，网信部门或涉事部门应注意疏导网民的非理性情绪。在网络暴力事件中，大多数网民的情绪是消极、负面的。合理引导这些非理性情绪对于把控舆论导向具有重要意义。因此，相关部门应针对不同网民的道德价值判断差异，采取差异化的情绪疏导策略，尽量在处理事件时展现积极、温暖的一面，以缓解网民不同程度的负面情绪。

（2）学校层面

一是开设网络暴力防范相关课程，将网络文明、网络安全纳入教学计划。通过课程形式开展网络暴力预防教育，能让青少年认识到防范网络暴力的重要意义。一方面，学校可以通过系列课程向青少年普及网络暴力的表现形式及危害，培养他们分辨、筛选和整合信息的能力，即提升学生的媒介素养；另一方面，学校要将道德教育落到实处，重视青少年网络道德的培养与塑造，使其具备良好的自控力和较高的道德水平。

二是开展网络暴力防范倡议活动，引导青少年树立正确的网络价值观。例如，组织以预防网络暴力为主题的黑板报设计比赛，从策划创意到绘画书写都由学生自主完成，以有趣的方式传递相关知识。同时，学校还可以定期举办预防网络暴力的宣传讲座，组织学生观看系列短视频，普及与青少年网络安全相关的法律法规，关注青少年心理健康，引导他们远离网络暴力信息。

（3）青少年自身层面

第一，要增强个人信息保护意识。在大数据时代，用户在各大网站和应用软件中仿佛成了"透明人"，姓名、性别、年龄甚至家庭住址等个人信息在网络后台被一览无余。而用户的隐私信息一旦泄露，后果将不堪设想，这种情况也极易成为网络暴力滋生的温床。因此，青少年在上网时应提高个人信息保护意识，谨慎对待填写隐私信息的网站要求，从源头保护自己和家人的隐私安全，避免为人肉搜索等网络暴力行为提供可乘之机。

第二，要注意使用网络文明用语。青少年在浏览网络信息时，若遇到触动自身情绪的内容，应保持情绪稳定，避免使用情绪化语言激化矛盾，可多使用"就本人而言""仅代表个人观点"等文明礼貌的表达方式。虽然网络暴力并非仅由言语攻击造成，但积少成多，往往正是这些小细节最终酿成了大祸。如果每个人都能从自身做起，规范网络用语，就能大大降低网络暴力发生的风险。

与此同时，青少年在遭遇网络暴力时要拒绝认同攻击者，避免二次伤害。面对施暴者的恶意攻击，青少年容易将他人的攻击内化为自我攻击，急于为自己辩护和解释，这反而容易招致施暴者的进一步攻击。因此，青少年应及时运用相关法律保护自己，而不是贸然进行自我辩解，以免给施暴者留下可乘之机。青少年也可以通过情感支持进行自我照料，当遭受网络暴力感到孤立无援时，应鼓起勇气及时寻求帮助。例如，青少年可以向自己信任的同学、朋友、家人倾诉，以获得精神上的支持，或者向专业的心理医生寻求心理疏导。经验丰富的支持者能够认同、理解青少年，为其提供有效的帮助。

网络暴力防范与治理目前面临的困境主要体现在两个方面：一方面，网络暴力的违法主体难以确定，受害者取证较为困难。庞大的网民规模使得在网络暴力事件发生时，人们很难找到准确、具体的施暴者，而要找到最初的"发起人"更是难上加难。施暴者隐身于网民群情激愤的讨伐中，难以识别。另一方面，网络暴力受害者的受害程度也难以准确估量。目前，我国民事侵权精神损害赔偿标准相对较低，施暴者受到的处罚往往难以与其行为的危害性相匹配。

未来，随着政府、网络平台、内容生产运营商等多方的共同努力以及网民自身道德素质的提升，营造清朗的网络环境是可以期待的。因此，青少年应当从自身做起，从身边小事做起，文明上网，避免陷入网络暴力的旋涡。

知识拓展

◎《中华人民共和国民法典》第一千零二十五条规定：

行为人为公共利益实施新闻报道、舆论监督等行为，影响他人名誉的，不承担民事责任，但是有下列情形之一的除外：

（一）捏造、歪曲事实；

(二)对他人提供的严重失实内容未尽到合理核实义务;

(三)使用侮辱性言辞等贬损他人名誉。

◎《中华人民共和国民法典》第一千一百九十四条规定:

网络用户、网络服务提供者利用网络侵害他人民事权益的,应当承担侵权责任。法律另有规定的,依照其规定。

◎《中华人民共和国民法典》第一千一百九十五条规定:

网络用户利用网络服务实施侵权行为的,权利人有权通知网络服务提供者采取删除、屏蔽、断开链接等必要措施。通知应当包括构成侵权的初步证据及权利人的真实身份信息。

网络服务提供者接到通知后,应当及时将该通知转送相关网络用户,并根据构成侵权的初步证据和服务类型采取必要措施;未及时采取必要措施的,对损害的扩大部分与该网络用户承担连带责任。

权利人因错误通知造成网络用户或者网络服务提供者损害的,应当承担侵权责任。法律另有规定的,依照其规定。

思考题

1. 根据网络暴力的定义及表现形式,思考自己或同学是否遭受过不同程度的网络暴力侵害。

2. 运用所学知识尝试策划防范网络暴力的主题班会或情景短剧。

3. 选取一起典型的网络暴力事件,试着从其表现形式、危害、防范的角度写一篇案例分析小短文。

四、网络成瘾及防范

随着互联网的普及及技术的发展,人们的日常生活变得更加便利。人们可以足不出户了解天下事,也能轻松在线购买商品。网络已经成为人们生活中不可或缺的部分。然而,互联网的高速发展在为人们快速提供所需信息、方便日常生活的同时,也带来了一些问题和危害。接下来，我们一起来认识网络成瘾这一问题。

什么是网络成瘾呢？

所谓网络成瘾，也称互联网成瘾综合征，是一种过度依赖网络的现象。患者通常沉迷网络，对现实生活失去兴趣。网络成瘾者会表现出机械性重复上网的行为，通过在网络世界中的重复操作来获取满足感和幸福感。为了追求这种满足感和幸福感，他们往往会花费大量时间和精力在上网活动。一旦停止使用网络，他们可能会出现注意力不集中、焦虑等生理反应，正常的生活、学习和工作也会受到严重影响，长此以往，就会形成一种心理障碍，影响精神状态和心理健康。

> **案例分享**
>
> 小豪是一名13岁的中学生，生活在一个六口之家。刚上初中的小豪找到了一种获取"快乐"的渠道——网络游戏。沉迷网络游戏后，小豪就像变了一个人，上课时注意力不集中，不是发呆就是扰乱课堂秩序，还常常不交作业。在家时，他经常显得无精打采、情绪低落、少言寡语，只顾着沉浸在网络游戏里。一旦家里网络出故障，他就会情绪失控，冲着父母发脾气；游戏输了，他更是容易暴躁，甚至有一次因为游戏失利直接摔了手机。

在上述案例中，小豪正是典型的互联网成瘾综合征患者。随着互联网技术的迅猛发展，网络正以惊人的速度渗透到社会生活的各个领域，并深刻地改变着我们的生活、工作乃至思维方式。青少年群体由于敏感好奇且易于接受新生事物，受到的影响尤为显著。因此，在现实生活中，像小豪这样的青少年还有很多。

根据《中国青少年健康教育核心信息及释义（2018版）》，网络成瘾是指在无成瘾物质作用下对互联网使用冲动的失控行为，表现为过度使用互联网后导致明显的学业、职业和社会功能的损伤。

（一）网络成瘾的表现

网络成瘾有哪些表现呢？按照上网需求种类的不同，网络成瘾具体可分为六种类型。

A型：单纯性网络成瘾。此类成瘾者沉迷网络，生活以玩网络游戏、网络聊天及观看网络综合性节目为主。

B型：情感性网络成瘾。此类成瘾者把全部情感和精力投入网络交友中，把网络空间中交往的朋友看得比家庭成员更为重要，甚至导致婚姻和家庭的破裂。

C型：网络游戏性网络成瘾。此类成瘾者将大量时间和金钱花费在网络游戏等活动中，导致家庭不和与财产损失。

D型：信息性网络成瘾。此类成瘾者花费大量时间搜集与工作、学习无关的信息，导致工作和学习效率下降。

E型：程序性网络成瘾。此类成瘾者往往自认为能成为一流的游戏和计算机程序设计者，陷入其中而不能自拔，从而影响了正常的工作和学习。

F型：强迫行为性网络成瘾。此类成瘾者会无法自控地参与网上赌博、网上购物等活动。

（二）网络成瘾的判断

上网达到什么程度才能定性为网络成瘾？我们应该用什么标准对其加以判断？这对于我们健康使用网络、预防网络成瘾十分重要。一般来说，我们可以通过下面的判断标准来确认某人是否患有互联网成瘾综合征。

1.症状标准：网络成瘾者对自己的控制能力下降

网络成瘾者表现为对上网有强烈渴求的症状和戒断反应，如坐立不安、烦躁、难以停止上网；因上网而对其他事物的兴趣减少，即便因为沉迷上网出现不良后果，也难以终止上网行为；在用于上网的时间和费用方面向他人撒谎，用上网来逃避现实或缓解负面情绪。

2.时间标准：至少持续12个月

判断一个人是否网络成瘾，持续时间是一个重要标准，一般情况下相关行为至少持续12个月才能确诊。

3.严重程度：严重影响其社会功能及社交功能

患者往往因为沉迷上网而无法继续扮演社会角色，严重影响正常的工作、学习和社会交往。

> **案例分享**
>
> 小韩是一名小学六年级的学生。由于父母工作繁忙，他得到的照顾较少，学习积极性也不高。从三年级开始，他的学习成绩逐渐下滑。五年级时，小韩家里买了一台新电脑，有同学约他一起玩网络游戏。于是，他偷偷安装了游戏软件，从此沉迷其中，难以自拔。在学校，小韩听不懂老师讲的内容，也不遵守课堂纪律，这种情况一直持续到小韩小学毕业。小韩的家长对此非常着急，但面对他沉迷网络游戏的问题，不知道该如何解决。以前，老师认为小韩学习成绩差主要是因为记忆力不好，还觉得他在心理健康方面可能有些问题。其实，真正的原因是他沉迷网络游戏。如果不让他玩游戏，他就会出现焦虑、心慌、坐立不安等现象，甚至会出现逃学的行为。

案例中的小韩在不玩网络游戏时会出现焦虑、心慌、坐立不安等现象，并且有逃学的行为，这些表现符合网络成瘾的症状标准。从小学五年级到小学毕业，小韩沉迷网络游戏的行为持续了1年以上，符合网络成瘾的时间标准。小韩的成绩严重下滑，这表明他因沉迷网络游戏而无法正常扮演学生这一社会角色，符合网络成瘾的严重程度标准。此外，小韩的家庭成员没有精神病史，且经过检查排除了其他精神疾病导致其成瘾行为的可能性。因此，可以确定小韩患有互联网成瘾综合征。

通过以上内容的学习，现在请同学们尝试运用以上知识判断以下案例是否属于网络成瘾。

> **案例分享**
>
> 案例一：3岁的小罗和妈妈一起外出吃饭，因为担心孩子吵闹，妈妈将手机

递给小罗,让他安静地看动画片,于是小罗在吃饭期间一直很安静,但只要妈妈拿走手机,小罗就会表现得焦躁不安。

案例二:16岁的小伟在几年前接触一款名为《梦幻西游》的游戏时就十分喜爱,他因为"练号",已经在该游戏上充值5万余元。他还曾经几天几夜不睡觉,夜以继日地"练号",饿了就吃方便面。通过不眠不休的练习,他在网络游戏中的角色排名越来越靠前。

案例三:16岁的初中一年级学生小李把父母给的零花钱和伙食费全都花在了网吧。一天晚上,他独自在县城的商业街散步,发现前面有一位女青年单独行走,就产生了抢劫的念头,他随即冲上前去,用手勒住女青年的脖子,将她拉进一条小巷内,拿出小刀指着女青年说:"不要喊,如果喊就一刀捅死你。"他最终抢走了200元现金。

案例四:小涛的妈妈张女士为了让孩子能自己学点东西,在小涛两岁多时就给他买了儿童平板电脑。由于儿童平板可以设置时间自动锁屏,张女士每天便给小涛两小时的"平板时间"。张女士下班后,小涛也会拿着她的手机看约1小时的动画片。5岁的小涛如今平均每天接触网络至少3个小时,如果不让他玩他就会对着家长生气、哭闹。

案例五:刘女士的女儿小青今年10岁,由于疫情期间需要上网课,刘女士便给她注册了一个QQ号,方便小青用平板电脑上课、交作业等。一天,小青看到一个网络博主发布的"免费领游戏皮肤"的信息,就主动加入了对方的QQ群,并和QQ群群主成为好友。在这个群主的"指导"下,小青趁妈妈午睡时拿走了她的手机,躲在卫生间将门反锁后,按照要求一步步点开了链接、发送验证码直至完成转账。刘女士在听到几声短信提示音后醒来,到卫生间找小青,等到小青打开门后,刘女士发现自己账户里的28,397元已被分3次转走。小青跟妈妈说,这是为了激活游戏的免费皮肤,对方说激活皮肤后就会把钱退回。

案例一中,小罗的年纪较小,不满足网络成瘾判断的时间标准——"至少持续12个月"。但家长的教育行为十分不当,如果持续下去,小罗很容易成为网络成瘾者。

案例二中，小伟从几年前就开始沉迷游戏，符合网络成瘾判断的时间条件，同时他的网络行为已经严重影响了他的正常生活及学习，沉迷游戏也影响了他的身体健康，因此，小伟的表现属于网络成瘾。

案例三中，虽然没有显示是否满足网络成瘾的时间条件，但小李因为沉迷网络无法自控，已经造成了严重的不良社会后果，因此，小李的表现也属于网络成瘾。

案例四中，小涛虽然年纪很小，但是平均每天接触网络的时间也有3个小时，且从两岁开始每天有两个小时的上网时间，满足网络成瘾的时间条件，因此其表现属于网络成瘾。

案例五没有提到小青网络成瘾的情况，小青遭遇了网络诈骗。

(三) 网络成瘾的危害

1.网络成瘾对青少年个人的危害

网络成瘾之所以被确定为疾病，是因为它不像酗酒一样会让青少年的身体素质迅速变差，但会逐渐影响青少年的身心健康。网络成瘾会对青少年造成以下危害。

（1）角色混乱

青少年网络成瘾者过度沉迷网络中的虚拟角色，容易迷失真实自我，将网络上的规则带到现实生活中，造成角色混乱。当青少年在现实社会中与人交往受挫时，便容易转向虚拟网络设备寻求安慰、消极逃避现实，而这对青少年的自我人格塑造极其不利。

（2）道德感弱化

在网络空间，青少年网络成瘾者由于不需要与他人面对面交流，缺乏现实社会中以教师、家长为核心人际关系的行为监督，因而在网上自由任性，缺乏道德自律，容易在网络中放纵自己的欲望，甚至发生违规、违法行为。

（3）人格异化

青少年如果长期沉迷网络，容易对真实生活中的人和事失去兴趣，情感变得淡漠，与亲人和朋友的交往也会减少，甚至将自己封闭起来。这些行为都不利于他们树立健康的人生观、价值观。此外,网上信息泛滥,青少年在网上无拘无束的行为容易导致其自我约束力下降,进而产生冲动、发生冲突等。网络成瘾比较严重的青少年还可能出现暴力攻击行为。

(4)学习挫折

青少年长期沉迷网络,容易导致成绩下降、考试不及格,他们因迷恋网络往往无心学习、成绩不佳,形成恶性循环,最终退学。

(5)健康受损

青少年长期沉迷网络,会导致其日常生活规律完全被打破,具体表现为食欲不振、体重下降、睡眠时间减少、头昏眼花、情绪低落、精神难以集中等,严重者可出现神经紊乱、免疫力下降等症状,最终身体越来越虚弱,还可能引发心脑血管疾病、猝死,或导致情感障碍、抑郁、焦虑,甚至精神分裂。

2.网络成瘾对青少年家庭的危害

网络成瘾的产生往往与复杂的家庭因素相关。因此,网络成瘾不仅会损害青少年的身心健康,也会给其家庭带来危害。

> **案例分享**
>
> 小军今年14岁,是王刚的独子。王刚七八年前与妻子离婚后,小军便一直跟随王刚生活。王刚表示,可能受家庭变故的影响,他和儿子的交流一直不算多。小学阶段,小军还算听话,学习成绩也尚可。然而,进入初中后,小军开始出现焦虑情绪。
>
> 疫情期间,学校停课,居民也被要求减少外出。小军在家感到无聊,开始沉迷手机游戏。虽然他之前也玩游戏,但当时家长还能进行一定的管控。沉迷游戏后的小军一发不可收拾,每天在家除了打游戏之外,几乎不愿意和父亲交流。王刚看在眼里,急在心里,原本以为开学后情况会有所改善,但小军依然沉迷游戏,学习成绩也直线下降,掉到班上的倒数几名。
>
> 王刚不玩游戏,对游戏也不了解。小军用的手机是王刚淘汰的旧手机,游

戏账号则是用王刚的身份证号注册的。为了阻止小军玩游戏，王刚曾注销过他的账号，也曾动手打过他，甚至摔坏过几个手机，但这些措施的效果只能维持几天，之后，小军又会偷偷玩游戏。有时小军会央求父亲，如果不答应，他就会生闷气、不吃饭。王刚有时实在不忍心，又把手机还给了他。小军还曾在游戏中充值，花了好几千块钱，其中一部分钱是王刚给他的压岁钱，另一部分钱是小军母亲给的生活费。

国庆节假期的一天，王刚做好午饭后，发现小军又在玩游戏。而此前学校老师曾告知他，小军最近一次考试成绩很差。王刚立刻上前没收了小军的手机，并破口大骂。小军被父亲吓到，不敢作声，生起闷气，跑进房间把门反锁。王刚用力踹门没踹开，跑到窗户边一看，发现儿子竟然从楼上跳了下去。几个月后，小军从医院出院，虽然保住了性命，但身体落下残疾。（根据媒体报道整理）

上述案例描述的情形是很多被网络成瘾问题困扰的家庭的缩影，可见网络成瘾问题对青少年及其父母的影响之大。来自现实生活的真实案例为我们敲响了警钟，青少年网络成瘾问题不仅会危害他们个人的身心健康，也会影响其家庭幸福和社会的安定和谐。

3.网络成瘾对社会的危害

网络成瘾者因为沉迷网络，需要金钱上网或购买游戏装备等，当通过正当渠道获得的金钱不能满足自己的需求时，就可能导致其道德沦丧，甚至走上违法犯罪的道路。有一些青少年沉迷网络赌博或网络色情服务，而这些都是危害他们身心健康的精神毒品，会威胁到社会的公共安全。

小测验

通过学习网络成瘾的概念及判断标准，请同学们尝试对照陈淑惠教授编制的青少年网络成瘾量表（表2.2）进行自测，该量表共有26道题目，采用4级评分，从极不符合到极符合分别对应0分—3分。请自测，将所有得分相加后进行对照。

表2.2 青少年网络成瘾量表

上网表现	极不符合	不符合	符合	极符合
1. 曾不止一次有人告诉我,我花了太多时间在网络上	0	1	2	3
2. 我只要有一段时间没有上网,就会觉得心里不舒服	0	1	2	3
3. 我发现自己上网的时间越来越长	0	1	2	3
4. 网络断线或接不上时,我觉得自己坐立不安	0	1	2	3
5. 不管再累,上网时我总觉得很有精神	0	1	2	3
6. 其实我每次都只想上网一小会儿,但常常一上网就停不下来	0	1	2	3
7. 虽然上网对我的日常人际关系造成负面影响,我仍未减少上网	0	1	2	3
8. 我曾不止一次因为上网的关系每天睡眠不足四小时	0	1	2	3
9. 从上学期以来,我每周上网的时间比以前增加许多	0	1	2	3
10. 我只要有一段时间没有上网就会情绪低落	0	1	2	3
11. 我不能控制自己上网的冲动	0	1	2	3
12. 我发现自己因专注于网络而减少了和身边朋友的互动	0	1	2	3
13. 我曾因上网而腰酸背痛,或有其他身体不适情况	0	1	2	3
14. 我每天早上醒来,第一件想到的事就是上网	0	1	2	3
15. 上网对我的学业已造成了一些负面的影响	0	1	2	3
16. 我只要有一段时间没有上网,就会觉得自己好像错过了什么	0	1	2	3
17. 因为上网的关系,我和家人的互动减少了	0	1	2	3
18. 因为上网的关系,我平常休闲活动的时间减少了	0	1	2	3
19. 我每次下网后其实是要去做别的事,却又忍不住再次上网看看	0	1	2	3
20. 没有网络,我的生活就毫无乐趣可言	0	1	2	3
21. 上网对我的身体健康造成了负面的影响	0	1	2	3
22. 我曾试过花较少的时间在网络上,但无法做到	0	1	2	3
23. 我习惯减少睡眠时间,以便能有更多时间上网	0	1	2	3
24. 比起以前,我必须花更多的时间上网才能感到满足	0	1	2	3
25. 我曾因为上网而没有按时进食	0	1	2	3
26. 我会因为熬夜上网而导致白天精神不济	0	1	2	3

该量表共包括强迫性上网、戒断反应、耐受性、人际与健康问题和时间管理问题五个维度。每个维度中各个题目得分之和即该维度的得分。各维度对应的题目如下：

强迫性上网：11、14、19、20、22；

戒断反应：2、4、5、10、16；

耐受性：3、6、9、24；

人际与健康问题：7、12、13、15、17、18、21；

时间管理问题：1、8、23、25、26。

0分—20分者为高免疫者；21分—40分者为一般免疫者；41分—60分者为网络依赖严重者；61分—78分者为网络成瘾严重者。如果你的得分超过40分，请及时寻求家长和老师的帮助，积极沟通，共同解决问题。

（四）网络成瘾的原因

一般认为，青少年网络成瘾的原因主要包括网络游戏的吸引力较大、学习压力较大等。这些因素导致处于青春期、自制力相对较弱的青少年陷入网络带来的虚拟快感与上网欲望不断强化的恶性循环，难以自拔。青少年在网络中获得的强烈满足感和成就感，促使他们不由自主地产生强迫性上网行为。一旦停止上网，许多网络成瘾者会出现严重的身心不良反应。目前，青少年网络成瘾已成为困扰无数家庭和学校的一大社会问题。网络成为青少年的精神避难所。青少年在现实生活中遇到诸多困难和问题，却无法有效解决，他们缺乏有效的社会支持系统的帮助，于是便沉迷网络以逃避现实，并从网络中获得成就感。此外，青少年网络成瘾还与学校教育、社会环境尤其是家庭教育存在直接关联。

随着科学技术的发展，网络成瘾的表现形式也更为多样，常见的表现形式有对短视频的沉迷和对网络游戏的沉迷，其形成原因也不尽相同。

1.青少年沉迷短视频的原因

青少年沉迷短视频的原因是人们重点关注的话题。青少年更容易对短视频成瘾，这会影响他们的心理健康。西南大学2021年发布的一项针对3,000多名中国青少年的调查结果显示，过度依赖短视频的青少年更易产生抑郁、焦虑等心理问题，这些心理问题可能会导致他们的短期记忆能力下降。沉迷短视频也容易导致青少年睡眠质量降低，从而影响他们大脑的健康发育。同时，短视频的内容还会影响青少年的自我评判。一项针对女性受调查者的数据显示，女性使用抖音等社交媒体的频率与其外貌焦虑呈正相关关系。短视频也可能导致攀比心理和攀比行为，影响青少年的自信心与自尊心。

除此之外，我们还应该了解短视频是如何导致青少年网络成瘾的。

（1）感官刺激

短视频主要通过影像和声音刺激青少年的视觉、听觉感官，并且短视频平台设置的手指滑动能增强用户的参与感。青少年对感官刺激较为敏感，活动的影像更能引起青少年的注意。短视频的动态影像满足了青少年的视觉偏好。

（2）能够把握注意力的时长

短视频时长一般在15秒到几分钟之间，它可以把各种热门消息、八卦甚至一部电视剧或电影都在这个时间内讲完，让喜欢丰富多彩生活的青少年获得极大的满足感，在短时间内获得自己想要的信息。青少年由于缺乏社会经验和信仰，容易感到精神空虚。而一旦精神空虚，他们就希望找事情做以消除这种空虚。短视频的时长刚好契合人的注意力规律，一般成年人能保持20分钟至30分钟的专注，青少年的注意力时长更短，而短视频15秒到几分钟的时长刚好可以让人产生强烈的兴趣，消除空虚感，想要再看下一条，就这样看完一条，短暂地消除了空虚，再看一条，不断地刷下去，难以停下。

（3）智能算法

短视频平台对算法的研究已经到了"明察秋毫"的程度。青少年的基本爱好只是基础的算法，算法对滑屏速度、打开短视频的频次都有细致的分析。用户的任何一个动作都会被短视频平台保存下来并反馈给算法，再由算法根据分析向用户推送更有针对性的内容。

（4）激发猎奇心理

短视频利用了人的猎奇心理。在刷短视频时，人们总想找到更有趣、更能满足猎奇心理的内容。因此，即使某些视频本身并不那么吸引人，但由于用户期待下一个可能出现的有吸引力的视频，这种短暂的不满足感很快就被冲淡，这种心理期待使人们继续刷短视频的行为得到强化。

知识拓展

短视频背后的秘密

一条短视频是如何产生的？这些短视频的制作者是如何进行短视频制作的？短视频背后是否存在利益链？这些问题大家思考过吗？我们喜爱的短视频制作者真的是单纯的视频制作者吗？带着这些问题，让我们一起来探秘短视频吧！

在百度上搜索"短视频制作大揭秘"，可以得到许多条结果，其中不少是短视频制作教程，例如"独家揭秘！打造爆款短视频的九种绝招！""短视频制作技巧大揭秘：让你的短视频在社交网络中爆红！"等。短视频已不再仅仅是网友的自我分享内容，而是经过精心策划和制作的结果。

随着短视频在网络中的兴起，刷短视频已经成为人们上网娱乐的一大方式。搞笑的段子、新奇的语言、滑稽的动作总能让人们忍俊不禁。每次打开同一个短视频平台，平台都会推荐更多视频供人们观看。正是因为短视频受到了人们的喜爱，因此也吸引了越来越多的人进入短视频制作领域，他们就像生产其他商品一样，不断地制作短视频内容，吸引观众持续观看。

你是不是会奇怪，为什么每次登录短视频平台都会看到喜爱的视频？其实这是平台在"作怪"。每个短视频平台都有数据中心统计用户行为，这些数据包括点击量、观看量、点赞量、收藏量、转发量、评论量等，平台根据这些数据评判一条短视频是否受到用户的喜爱，并将这些数据推送给该短视频账号的所有者。

其实，短视频账号背后可能有一个制作团队，该团队专门分析短视频制作技巧、内容及其语言运用，确保将短视频打造成"爆款"，以吸引更多的网民关注自己的账号。一些短视频制作者在制作短视频时并不在意视频的价值导向，而是以数据为依据，一味追求新奇刺激的内容，导致庸俗、粗俗的短视频内容充斥网络。

随着点击量、观看量的不断提高，视频制作者将逐步成为某一平台的"网红"，具有一定的影响力，一呼百应。他们说的话你都赞同，制作的内容你都喜欢，甚至他们推销的"好物""神器"你也会去购买。他们这么做并非免费为网民提供娱乐，而是通过流量变现赚取商业利益。

因此，你所观看的短视频都是在短视频平台的数据算法分析下推送给你的。同时，短视频制作者也通过获得越来越多人的关注而逐步获得网络影响力并最终获得商业利益。因此，我们在观看短视频时应该保持理性的态度，遵守网络道德规范，用自己的行动为创造良好的网络环境贡献力量。

2.青少年沉迷网络游戏的原因

（1）产生新的社交方式

作为一种高刺激性媒介，网络游戏为青少年提供了一种新型的虚拟交往社区，体现了新型的人际沟通和互动方式。人的需要是人的行为产生的出发点，也是人的行为产生积极性和主动性的原始动力，社交这一基本需求驱使着青少年越来越依赖虚拟的网络世界。

（2）满足自我认同

青少年在成长的过程中需要得到他人的认可，其身份认同则需要通过与外界的互动来确立，其自我认知的方式在很大程度上也来源于外界的印象与评价。

网络游戏的虚拟性在很大程度上为青少年提供构建理想自我、重塑自我的机会。在网络中，青少年可以用更多细节去描述、展现自我。通俗地讲，网络给他们提供了建立"人设"的沃土。例如，在游戏中选择佩戴怎样的面具、扮演怎样的角色。青少年在社交平台上发布有关自己的细节，向他人展示出优越的一面，同时，他们更关注社交平台上关于自己的评论，并不断与他人交流，从而沉迷网络社交而无法自拔。

（3）逃避生活和学习中的压力

每个人都有"趋利避害"的本能。当下，青少年在成长过程中会遇到学习压力，网络游戏则是其逃避压力的一种方式。网络游戏能给青少年带来片刻的放松和自我满足、胜利的成就感，也会满足其逃避压力和发泄压力的需要。

知识拓展

由于各国实际情况的差异，国内外在网络成瘾干预方式上有着很大的不同。国外戒除网络成瘾主要采用改善网络成瘾者对网络的认知这一手段。除此之外，国外还会采用一些手段来减少网络成瘾者每天的上网时间。

德国：设立网瘾治疗所。

2003年，德国慈善组织创立了全球首家网瘾治疗所。这个网瘾治疗所的治疗手段主要有三种，分别是艺术治疗法、运动治疗法、自然治疗法。该治疗所让家长也参与网络成瘾者的治疗过程，以期帮助青少年解决网络成瘾问题。

美国：设立网络成瘾治疗中心。

美国网络成瘾治疗中心主张通过引导来干预青少年的网络成瘾问题，使他们克服对网络使用的过度依赖。中心希望能够通过培养青少年的兴趣爱好和学校的约束、教导，引导青少年合理使用网络，并通过引导家长对青少年网络成瘾加以关注、疏导等手段来进行干预。

韩国：设立心理咨询中心和举办训练营。

韩国先后在全国开办了一百多家心理咨询中心，以解决青少年的网络成瘾问题，一度有超过千名心理咨询师任职。除此之外，韩国还举办过跳出网络训练营活动，通过开展各类体育活动让青少年对抗网络成瘾。

法国：加强政府的管控引导。

法国青少年更倾向于在家或在学校使用网络，法国政府为了管控青少年的上网行为，向学校和家庭提出要求——必须正向引导青少年。因此，学校和家庭一般都会针对孩子制定上网公约，控制其上网时长和上网行为。同时，法国政府也发布了禁令，禁止在网络上向青少年传播淫秽色情内容，违者重罚。

> 日本：提高网吧税费，建立审查机制。
>
> 由于经营网吧需要缴纳的税费很高，所以日本很少有网吧。青少年使用网络的场所大多是学校或家里。在学校和家里，老师和家长会对他们的上网行为进行监督和管束。除此之外，日本的游戏行业需要接受电脑娱乐评价机构的统一审查，以防止青少年受到诱惑，沉迷网络游戏而无法自拔。
>
> 英国：强化家庭监管。
>
> 一方面，由于时间自由、课业轻松，许多青少年的课余时间十分充裕，他们可以通过运动、听音乐、绘画、阅读等活动来放松身心，充实自己的精神世界；另一方面，青少年主要在家中使用网络，会受到家长的监督，同时家长借助网络技术手段，既能控制孩子的上网行为，又能规避孩子可能遇到的不良网络信息的影响。

（五）网络成瘾的防范对策

1.网络成瘾的防范误区

近年来，许多青少年因为沉迷网络而耽误学业或实施暴力行为，这些情况引起了社会的广泛关注，大家纷纷开始探究青少年出现这一问题的原因并积极思考解决措施。但由于家长缺少科学防范青少年沉迷网络的经验，可能会由于心急而陷入防范误区，这不仅不能有效地防止和解决青少年网络成瘾问题，反而会给青少年的身心健康带来进一步的伤害。

（1）误区一

国内对于如何治疗青少年网络成瘾问题缺乏统一的解决方案和配套措施，导致很多家长一旦发现孩子出现网络成瘾问题，便强行中断孩子与网络的所有接触，或对孩子进行辱骂、殴打，以期让他们戒除网瘾。

（2）误区二

为了解决这一问题，更有甚者，一些家长将孩子送进打着解决青少年网络成瘾问题旗号的不正规组织或机构。这些组织或机构将沉迷网络的青少年视为有精神疾病的患者，利用不成熟的理论、不完备的设施去治疗这些"网瘾少年"。由于理论和治疗手段并不成熟，甚至有些完全没有经过实践的检验，所以这些组织或机构的治疗大多具有强制性且收效甚微。这些组织或机构没有权威的证书和经营资质，它们所做的就是将这些青少年视为精神疾病患者，通过电击、药物等手段进行治疗，同时辅以一些强制性的、体罚性质的手段使青少年远离网络。

这些手段不但遭到了青少年的抵触，而且不能从根本上解决问题。许多青少年待在组织或机构内会迫于强制性手段而妥协，暂时表现出戒除网瘾的状态，一旦离开组织或机构，他们甚至会出现反弹现象，沉迷得更加严重。这些组织或机构往往收费极高，手段粗暴，不仅不能真正解决问题，反而容易给青少年的身心带来较大损害。

正视网络成瘾问题，避免防范误区，对网络成瘾进行科学有效的干预是十分重要的。

2.网络成瘾的科学防范

青少年网络成瘾是可怕的，戒除网瘾刻不容缓，为此，需要家庭、社会、学校多方面的配合，这是一个复杂的系统工程，任何一个环节出了问题，都不能从根本上解决问题。

网络信息良莠不齐，各种不良的甚至反社会的信息充斥其中。对于世界观、人生观、价值观还没有完全形成的青少年来说，网络成了他们获取非主流信息的直接渠道，严重危害了他们的身心健康。青少年的网络成瘾问题无疑会对学校教育质量的提升产生不良影响。鉴于网络对青少年的影响，为正确对待网络的作用，减少网络对青少年的负面影响，我们提出以下对策：

（1）加强正面教育，进行正确引导，增强青少年的抵抗能力

学校要教育和引导青少年全面认识网络在自己健康成长、成才中的作用，加强校园学生心理健康教育，使他们能够正确认识、筛选和科学地利用网络资源，科学、理智地使用网络。用正确、积极、健康的思想文化抢占阵地，让中国的优秀思想文化影响青少年，用科学理论武装青少年，帮助他们培养科学的思维方式，树立正确的世界观、人生观和价值观，遵守网络规范，提高选择和批判能力，逐渐养成良

好的网络使用习惯。与此同时，学校要加强对青少年的网络道德教育，引导青少年摒弃不文明、不道德的网络行为，倡导文明、健康的网络生活。

（2）提高青少年的心理素质，及时调整已经出现的心理问题

心理辅导对于青少年网络成瘾具有一定的群体预防作用。2005年5月，北京某校应用积极心理学对全校学生进行了为期6个月的群体心理辅导。结果显示，2005年的网络成瘾率较2004年的网络成瘾率明显下降。与2004年相比，2005年成瘾组人员的积极人格特征增强、消极人格减弱，网络成瘾自觉症状有所减轻。可见，心理辅导对青少年网络成瘾具有一定的群体预防作用。

（3）提高教师、家长的网络素质

教师和家长应该了解互联网，提高网络素质，真正成为青少年网络生活的指导者。此外，教师和家长还应该加强与青少年的沟通与交流，及时掌握青少年的兴趣爱好和心理特点，帮助他们认清网络世界的复杂性、虚拟性，提高他们分辨是非的能力。

（4）学校创建良好的校园文化

学校要积极引导学生正确使用网络。引导的途径通常有以下几种：通过各种途径宣传科学使用网络的知识，预防不健康的内容；开展一些网络方面的竞赛，如开展网页制作竞赛，让学生进行网页制作展示。学校应创建良好的校园文化，在良好的学习氛围中广泛开展融思想性、知识性、趣味性于一体的活动，改善青少年人格品质培养过程中的薄弱环节，培养青少年高尚的道德情操、健康的心理和良好的文化艺术修养，从而使青少年自觉地摆脱恋网情结，为青少年的健康成长营造良好的氛围。

（5）加强课程体系建设，提高青少年的网络素养

学校可以围绕网络安全意识、文明素养、行为习惯和防护技能等方面加强课程体系建设，借助专业力量，系统分析青少年不良网络行为的表现形式、形成原因和发展趋势，以及青少年网络成瘾的主要类型与诱因、过程与结果，对青少年进行系统的网络安全、网络文明和防止沉迷网络教育，增强青少年获取和判断网络信息的能力，引导青少年主动规范自己的网络行为。

堵不如疏，面对青少年网络成瘾，更好的治疗其实是预防。在此，我们对广大青少年提出一些小建议：青少年应正确认识网络，正确认识和评价自己；树立理想，明确志向，把注意力放在学习上。当出现沉迷网络的念头时，青少年要反复自我灌输"我一定能行""我一定能戒除"的信念。一旦抵制住网络诱惑，青少年就可以自我鼓励、增强信念。青少年可以将网络的危害和戒除网瘾的决心写下来，提醒自己转移对网络的注意力；还可以加入社团，积极参与自己感兴趣的活动，加强现实生活中的人际交往。青少年在使用互联网时要注意保护个人信息安全和隐私，防范因互联网使用不当而遭受的身心伤害。

思考题

1. 请对照检查一下，你有网络成瘾的表现吗？你身边有网络成瘾的现象吗？
2. 你认为应如何防止网络成瘾？

第三篇

网络服务生活和学习

> **本篇要点**

本篇主要探讨了网络如何服务于青少年的生活和学习，强调了青少年在网络使用中应具备的网络文明素养。首先，介绍了网络在生活中的广泛应用，如电子商务、信息搜索、社交互动等，强调了网络为生活带来的便利。其次，重点阐述了网络如何助力学习，包括在线学习平台的使用、学习资源的获取、个性化学习路径的规划等，指出网络学习能够突破时间和空间限制，提供多样化学习方式。最后，探讨了人工智能在教育中的应用，如编程教育、个性化学习辅导、语言学习智能化等，展示了人工智能如何帮助青少年提升学习效率和质量。

随着互联网的普及程度越来越高，网络已经成为青少年日常生活中不可或缺的工具。2024年9月12日，《青少年蓝皮书：中国未成年人互联网运用报告（2024）》新书发布仪式在北京举行。报告显示，截至2024年6月，我国网民规模已接近11亿人，比2023年12月新增网民742万人，以10—19岁青少年和"银发族"为主。其中，青少年占新增网民数的49.0%。也就是说，青少年已成为网络社会的重要参与者。那么，青少年应如何使用网络服务自己的生活，将网络与生活、学习、娱乐相结合呢？这正是本篇要探讨的主要内容。

一、网络服务生活

我们生活在互联网高度普及的新媒体时代,网络已经不知不觉地改变了我们的生活方式:之前我们的生活缴费须在规定时间到规定地点排队缴纳,现在我们可以足不出户就在线上完成生活缴费;之前我们购物需要花费大量时间去商城、超市挑选商品,现在我们可以网购,这大大降低了我们花在购物上的时间成本。

(一)电子商务

电子商务是一种基于互联网开放网络环境的商业运营模式,它允许买卖双方通过网络开展交易活动。其核心是实现两个或多个交易主体之间生产资料的交换,并涵盖由此衍生的交易流程、金融活动以及相关的综合服务。电子商务以信息网络技术为支撑,以商品交换为主要内容。例如,我们日常通过淘宝、京东等平台进行网购,就是典型的电子商务应用场景。电子商务可以为我们提供方便、快捷的生活和工作服务。

1.电子商务案例

阿里巴巴是全球企业中的著名品牌,是全球领先的网上交易市场和商人社区,是首家拥有超过1,400万网商的电子商务网站,其网络系统遍布220个国家和地区,是全球商人销售产品、拓展市场及网络推广的首选网站。

通过上面的学习,我们对电子商务有了初步的了解,那么,我们应如何使用电子商务去享受便利的生活呢?

> **案例分享**
>
> 临近春节,家家户户都开始准备年货了。小学生小徐放寒假回到家之后,发现自己家什么年货都没有准备,便疑惑地问坐在沙发上的妈妈:"妈妈今年没有去超市购买年货吗?还有几天就要过年了,我们不去超市买年货吗?"妈妈笑着说:"今年过年大家都返乡了,超市人太多啦,我和你爸爸去的时候结账排队都要两个小时,我们就回来了。但是不用担心,我和爸爸已经在网上买

了很多你和弟弟妹妹们爱吃的零食,明天就能送到家啦。"小徐似懂非懂地问:"妈妈,网上什么东西都有卖吗?我可以在网上买书吗?""当然可以,网络上有许多不同种类的商品,我们只需要选择想买的商品,然后利用网络银行支付,过几天快递员就会把我们购买的东西送到家啦。"妈妈对小徐说。"真的吗?妈妈,妈妈,我也想学网购!我想在网上买好多有趣的科普书!"

小徐和妈妈的对话过程呈现了我们利用电子商务平台解决日常生活需求的过程,利用电子商务服务生活也是青少年必备的生活技能,如今不少青少年已经开始接触各种电子商务平台并进行网购。

2.青少年网购指南

(1)如何选择购物网站或平台

目前,我国使用率较高的购物网站有淘宝、京东、唯品会、拼多多等,在一众购物网站中如何进行选择是我们接下来要讲述的内容。我们要选择那些遵守《网络交易监督管理办法》等相关法律法规的网站,这是保障我们网络购物合法权益的基础。此外,我们还需要仔细阅读退换货条款,避免选择设置隐形门槛的商家。

(2)为什么要选择可靠的网购平台

这类购物平台在商品质量上通常会有一定保障,在退换货等售后环节也能提供可靠的服务,网站本身运营较为正规。就像我们去逛街,如果去知名品牌的商铺,在各方面都会有保障。而如果网站没有用户消费保障,那就像街边流动的地摊,往往是一次性交易,消费者遇到问题也无处反馈,个人利益无法得到保障。

(3)网购时如何保证购买商品的质量

在购买商品前,消费者可以在多个平台搜索所需商品,然后从价格、数量、质量等方面进行多层次比较,最终找到最优选择。同时,在购物前我们还需要向商家咨询,针对购买数量、规格、颜色、发货时间、质量问题及处理方式等进行详细询问,得到满意答复后再购买。

(4)网购时如何保障支付安全

消费者一定要选择有专业银行授权的网站购物,比如支付宝就是比较值得信赖的支付工具，通过支付宝在淘宝网等平台付款，只有在购物者收到商品并确认无误后，货款才会被付给对方账户。除此之外，消费者也可以在支持货到付款的商城选购商品，在检查商品没有质量问题后再进行支付。

（二）使用网络搜索新闻及信息

在信息时代，互联网已经成为人们获取信息最主要的渠道。随着社会经济的发展，人们的生活水平不断提高，网络已经成了人们生活中不可缺少的一部分。在这个快速发展变化的社会中，随着人们物质生活需求和精神生活需求的提高，其获取信息的来源更加广泛、获取手段更加多样。如何用好网络去搜索新闻和信息，就是我们要学习的内容。

案例分享

一节语文课后，老师让同学们预习第二天要讲的课文《水调歌头·明月几时有》，并计划在第二天上课前请同学们分享自己对这篇课文的预习成果。第二天，老师开始请同学们进行分享，同学们踊跃举手。小虎感情充沛地把课文朗诵了一遍，得到了老师的认可。老师问大家："有没有哪位同学和小虎同学的预习内容不同，有别的内容可以分享给大家？"小昭高高地举起手，老师说："那就小昭来说吧。"

小昭说："《水调歌头·明月几时有》是宋朝文学家苏轼创作的一首词。这首词是北宋神宗熙宁九年八月十五日，作者在密州时所作。词前的小序交代了写词的过程：'丙辰中秋，欢饮达旦，大醉。作此篇，兼怀子由。'苏轼因为与当权的变法者王安石等人政见不同，自求外放，辗转在各地为官。他曾经要求调到离苏辙较近的地方为官，以求兄弟多多聚会。熙宁七年苏轼到密州后，这一愿望仍无法实现。熙宁九年中秋，皓月当空，银辉遍地，词人与胞弟苏辙分别之后，已七年未得团聚。此刻，词人面对一轮明月，心潮起伏，于是趁酒兴正酣，挥笔写下了这首词。这首词是中秋望月怀人之作，表达了词人对胞弟苏辙的无限怀念。"小昭说完，全班响起雷鸣般的掌声，老师更是对小昭连连称赞。

老师问小昭："这些知识课本上没有，你是怎么知道的呢？"小昭说："老师，

> 我昨天写完其他作业后,用妈妈的手机在网络上搜索了这篇课文,对它有了很多的了解,我还知道有人用这首词写了一首歌。"老师说:"小昭真棒,知道利用网络来搜索信息和学习,其他同学也要向小昭学习呀!"老师说完,班里再次响起了掌声。

青少年应学会利用网络技术搜索新闻及信息,并将其运用到学习和生活中,丰富知识,开阔眼界,启发思维。下面我们就来看一下如何利用网络搜索新闻和信息。

1.如何选择搜索网站

首先,我们要确定自己希望在网络中搜索到哪些内容。比较常用且较为便利的搜索网站有百度、360、必应等。当然,除了这些搜索网站,还有许多有特色的搜索软件,如我们可以在《辞海》《辞源》的网络版搜索相关字词,充实知识储备。青少年在选择搜索网站时,要注意这个网站是不是权威网站,有没有不应出现的广告,如不符合要求应及时更换网站。

2.如何在网站中筛选自己所需的内容

我们在网站中搜索所需内容后,网站上会出现几十页甚至上百页的内容,需要我们仔细筛选。第一步就是查看关键词,我们可以将网站所展示的内容与自己所需的内容进行"关键词对比",二者关联度越高,说明网站所展示的内容与我们所需的内容越贴合。第二步是在搜索时将所需格式一同输入搜索引擎当中,例如,当我们需要搜索某一张图片,就可以将希望得到的图片内容和格式一同输入,如"蓝天白云 JPEG",这样搜索到的内容与我们所需内容的匹配度就会更高。

3.如何确保搜索到的信息真实准确

我们要善于利用关键词,搜索的时候可以把形容词、副词去掉,只留名词作为主干信息来搜索;当搜索内容包含两个以上关键词时,可以使用空格分隔;当搜索内容只包含多个关键词中的任意一个时,可以用竖线分隔。我们也可以通过不同关键词的组合挖掘更多隐含的信息,还可以选择指定时间范围发布的内容来搜索。

(三) 使用网络发布信息

在互联网高度发达的今天,每个人都拥有在网络平台发表言论的权利,青少年也要学会在网络平台发布信息,积极参与社会表达。

案例分享

小红是初一时随父母从农村来到城市的,初次来到大城市的她感到无所适从,看着眼前车水马龙、熙熙攘攘的城市,她自卑极了。

小红转入了当地的一所初中,第一次和同学们见面,老师让小红进行自我介绍,小红怯生生地开口道:"同学们好,我叫小红。"有些没礼貌的同学在小红刚说完时就开始大笑,小红感到更加局促,脸更红了。新来的小红无法融入班级,也没有可以聊天的朋友,她选择在网络上表达情绪,小红在微博上记录着自己的心情,在这里,她可以畅所欲言。

一天,小红和往常一样放学回家,拿起手机点开微博,准备记录今天发生的事情。刚点开软件,她就看到一条私信:"陌生人,你好。和你一样,我也是跟随父母来到新的城市和新的学校的,这里的一切我都很陌生,甚至连一个能说话的朋友都没有,我只能把自己完全投入学习当中。很快我的成绩有了很大的进步,我的作文还在全市的比赛中获了奖。慢慢地,开始有同学向我请教如何写好作文,我非常愿意把我的方法分享给他们,就这样我开始有了朋友,我发现我可以融入这个大家庭了。如果你不介意,我愿意当你的第一个网络上的好友,你可以尽情向我分享你的生活。我也相信你很快就会在班级里交到你的第一个好朋友,可以很快融入你的班级。"小红看完私信后被这个陌生人触动了,她开始努力学习,很快小红的成绩就有了不小的提升,她还代表班级参加了学校组织的英语演讲比赛,并获得了二等奖。

小红发现班级里的同学开始接纳她,她的同桌小丽成了她最好的朋友,两人约定一起努力学习,考上全市最好的高中,以后还要考同一所大学。小红非常感谢这位网友,也非常感谢网络能够为她提供这样一个便利的平台,让她能够抒发自己的情绪。但她也知道,网络平台虽然为每个人都提供了表达自我的场所,但也不是法外之地,她更应该学会良好表达,在网络上提供正能量。

我们应该向小红学习,既要学会在网络上发布信息,享受网络带给我们的交往便利,又应该具有网络道德意识和防范意识,在保护好自己的同时做一个有操守的网民。

1. 青少年可以在哪些平台发布信息

目前,在网络空间中可以发布信息的平台有很多,如微博、微信公众号、短视频等社交平台,这充分满足了人们发布信息的需求。青少年更倾向于在微博和朋友圈中记录、分享自己的日常生活。如果青少年想在网络中发布信息,还可以选择向微信公众号投稿,审核通过后就能在微信公众号上看到自己的投稿内容了。

2. 发布信息时应遵守哪些规则

2023年7月18日,中国网络文明大会发布《新时代青少年网络文明公约》,全文如下:

> 强国使命心头记,时代新人笃于行。
> 向上向善共营造,上网用网要文明。
> 善恶美丑知明辨,诚信友好永传承。
> 传播中国好故事,抒写青春爱国情。
> 个人信息防泄露,谣言蜚语莫轻听。
> 适度上网防沉迷,饭圈乱象请绕行。
> 远离污秽不炫富,谨防诈骗常提醒。
> 与人为善拒网暴,守好底线不欺凌。
> 线上新知勤学习,数字素养常提升。
> 网络安全靠你我,共筑清朗好环境。

这一公约朗朗上口,为我们提供了文明上网的准则和思路,在畅游网络时我们应谨记公约,遵守与网络相关的法律法规。

3. 在信息发布过程中如何保护好个人信息安全

个人信息安全关乎我们每个人的切身利益,随着网络技术的不断发展,网络隐私问题越来越引起人们的担忧,也越来越受到人们的重视。青少年应该树立保护个人隐私的观念,时刻注意在网络中保护个人信息安全,谨慎发布与自己关系密切的信息。

在保护个人隐私方面,我们可以采取以下措施:在安全级别较高的物理或逻辑区域内处理个人重要信息;将个人重要信息加密保存;不使用U盘存储个人重要信息;尽量不在可访问互联网的设备上保存或处理个人重要信息;只将个人信息转移给合法的接收者;个人重要信息需要带出学校时注意防盗;发送电子邮件时加密,并注意不要错发;寄送邮包时选择可信赖的公司,并要求有回执,避免发错地址;用碎纸机销毁纸质资料;废弃的光盘、U盘、电脑等应进行消磁或彻底破坏处理。

(四) 网络娱乐及约束

案例分享

初中生小花期末考试进步很大,较上学期有了50分的提升,小花的父母为了鼓励小花继续努力学习,在过年时送了一台平板电脑给小花作为礼物。小花拿到平板电脑的那天非常兴奋,一个人在屋子里抱着平板电脑看了整整一下午,还差点错过晚饭。小花慢慢发现玩平板电脑比学习有趣多了,学习需要很努力才能有一点点进步,而在游戏世界里就不一样了,只需要动动手指就能够获得许多虚拟奖励。小花越来越沉迷网络游戏,成绩渐渐落到班里倒数几名。小花意识到问题时非常后悔,她制订学习计划,努力按计划学习,并在中考时正常发挥,考入了理想的高中。回顾自己的经历,小花感叹道:"网络虽然能够提供娱乐,让青少年在紧张的课业之余放松心情,但青少年仍然需要自我约束,有节制地使用网络进行娱乐活动,不能因为沉迷网络游戏而影响正常的学习生活。"

如果我们都能像小花一样,在利用网络放松心情、缓解压力的同时及时发现自己沉迷网络的情况,并及时转变自己的思想,那么网络将成为我们保持身心健康的帮手、学习进步的助力器,我们就可以更好地利用网络进行娱乐。

1. 青少年应选择哪些渠道进行娱乐

互联网有许多渠道可以供青少年进行娱乐,如玩电子游戏、浏览社交媒体、网络购物、看电影、学习新技能等。电子游戏是一种以电子设备或计算机为载体,通过交互式操作进行娱乐的活动。2017年的一项调查显示,大约86%的初中生曾玩过电子游戏。社交媒体则被视为一种便捷的沟通渠道,能够让用户与朋友进行互动。调查发现,有96%的初中生使用社交媒体。网络购物作为一种新兴的购物方式,也是青少年可以参与的网络活动之一。自2017年以来,超过60%的初中生有过网络购物的经历。此外,上网看电影也是一种广受欢迎的娱乐形式。调查显示,82%的初中生喜欢上网看电影。

2. 青少年应如何有节制地进行网络娱乐

在网络娱乐的过程中,青少年应该有所节制,以免对自身的学习成绩和生活状态造成不良影响。首先,青少年应养成早睡早起的习惯,尽量保证良好的睡眠质量。其次,青少年应该合理安排每天的娱乐时间,以确保有足够的时间来学习。再次,青少年应养成良好的网络礼仪,不发布敏感信息和不良内容。在看视频、玩游戏和进行社交活动时,不过度沉迷网络,也不忽视自身的身体健康,避免受到二次伤害。最后,青少年应该定期检查自己的学习进度,以确保学习成绩的良性发展。

网络为我们带来了诸多便利,但同时也存在一些负面影响。青少年正处于青春期,心理尚未成熟,容易受到不良信息的影响和腐蚀,进而危害心理健康。一些青少年不分场合、时间和地点,浏览含有色情、暴力等不良信息的网页。这种行为可能导致他们精神异常,甚至精神崩溃。有些青少年为了获取上网资金,甚至去偷盗、

3. 网络娱乐绝非生活的全部内容

如今，通过网络观看短视频、玩游戏以及购物已经成为我们日常娱乐的主要方式。在手机如此普及的今天，相信很少有人没有在网络上进行过娱乐活动。短视频的便捷和轻松让许多人养成了固定的娱乐习惯，刷短视频已经成为人们日常生活的一部分。很多人花费大量时间和精力，甚至金钱在网络娱乐上，这样的行为是否合适？是否有利于我们的生命成长？这值得我们深思。

我们的生活不应该只有娱乐，更不能仅仅为了娱乐而活。虽然有些同学会说："我在网上娱乐感到很快乐！"但实际上，快乐与娱乐是有很大区别的。我们不能将网络娱乐等同于真正的快乐。生活中有许多其他能够带来快乐的事情，比如参加环保公益活动，到海边捡拾垃圾，为保护环境贡献自己的力量；去敬老院为老人们表演节目，用自己的特长传递爱心；帮助父母做家务；去爬山、潜水、漂流，感受大自然的壮美；参加马拉松比赛等。这些活动同样能够带给我们快乐。上网只是我们获取快乐的一种途径，它不应该成为我们业余生活的全部内容，也不应该是我们缓解压力的唯一方式。

那么，我们该如何进行娱乐活动呢？我们可以根据自己的实际情况拟一份娱乐活动清单，按照短时、中时、长时等不同时间段来规划我们的娱乐生活。清单包含多种不同的娱乐项目，青少年应积极争取父母、亲人和朋友的支持与参与。例如，在日常学习后的短时娱乐，青少年可以选择观看短视频等快速、便捷的休闲方式；在周末或短假期间，青少年可以选择城市周边游、逛书店、徒步、参加公益活动等用时较短且不需要复杂组织的娱乐项目；在寒暑假等较长假期，青少年可以和家人展开一次长途旅行或者去乡村体验农耕生活。丰富多彩的娱乐活动能帮助青少年开阔视野，增长见识，更好地认识世界和自我。

相信通过规划，我们的娱乐生活一定能够变得更加丰富多彩，同时也能充满意义和价值。

---- **思考题** ----

1. 请以小组为单位，在计算机课上模拟网络购物；请谈一谈网络购物的感受，分享电子商务对我们的生活产生了怎样的影响。

2. 你是如何利用网络服务自己的生活的？

3. 网络能给我们的日常生活带来什么样的便利？

二、网络帮助学习

案例分享

初中生小笋是班长，学习成绩很好，多次进入年级前十，是老师的好帮手和同学们的好榜样。小笋有这样的成绩与小笋爸爸妈妈的严格要求是密不可分的，小笋的爸爸妈妈为了确保小笋一心扑在学习上，不允许小笋有任何影响学习、耽误时间的兴趣爱好。但一次偶然的机会，小笋在电视上看到了围棋比赛，对此产生了浓厚的兴趣，并希望有朝一日自己也能成为围棋大师。迫于父母对自己的严格管理，小笋没有机会和其他同学一样参加围棋课后兴趣班。一个周末，小笋早早写完作业，完成了复习和预习任务，于是她在平板电脑上搜索，发现有许多围棋高手在网络上教大家下围棋。小笋心想，现在网络这么发达，我可以在网络上学习我感兴趣的围棋。从此以后，小笋每周都会利用休息时间在网络上学习围棋，慢慢地她对围棋有了一定的理解，并且说服爸爸妈妈，在暑假报名参加了围棋大师的网络围棋课。不久后，小笋作为青少年组选手，代表学校参加了围棋比赛，并获得了第一名的好成绩。

由上例可见，青少年可以利用网络进行在线学习，获取书本上没有的知识，培养自己的兴趣爱好。

（一）如何选择学习网站

我们在选择学习网站时，首先，应该在移动设备的官方应用商店进行搜索和选择；其次，要对该软件进行搜索查询，判断该软件是否符合国家要求及规定；再次，将软件下载之后我们可以登录试用，判断该软件是否符合自己的使用习惯；最后，我们可以选择课程进行试听，判断老师教授的内容是否充实、准确。进行过以上问题的确认后，我们就可以放心地在该软件上学习了。

(二) 在线学习时应注意什么

青少年在线学习时应注意以下几点：

第一，调整作息时间。按照学校的作息时间，调整好生物钟，创造良好的学习环境，减少干扰。

第二，保证桌面整洁，将学习用品准备齐全，用最佳状态迎接线上学习。

第三，制订学习计划，按计划安排每天的学习和生活，养成良好的习惯，从他律走向自律。

第四，注意用眼健康，学习时保持坐姿端正，打开周围环境灯，看手机、电脑等电子产品时一定要在明亮环境下进行。

第五，课间起来活动并眺望窗外远处绿色植物，每天坚持做两次眼保健操缓解视疲劳。

此外，还需家长积极配合，与孩子达成共识。不同年龄段的孩子有不同的需求，家长对低年级孩子要多些陪伴和督促，对高年级孩子则需要给予更多的信任和引导。

(三) 如何确保学习效率

1. 维持学习的仪式感

具体做法为：制订每天的学习计划，将时间和要做的事情合理分配，并坚持执行计划。切记不要将目标定得太难以实现，要循序渐进，如攻克一道习题、背诵一个知识点等，持续完成计划才能有所收获。线上学习的时间宽松，会使青少年更有可能完成目标。坚持按计划执行，同时给自己定一个明确的休息时间。比如"学习20分钟，休息5分钟""学习40分钟，休息10分钟"等，或者与老师的教学安排同步。

2. 做好学习笔记

俗话说："好记性不如烂笔头。"记笔记几乎是学习必做的事项。同样，在线上学习时因屏幕大小有限，老师注意力有限，青少年更应该及时记下这些知识要点：

（1）提纲。老师讲课大多有提纲，这些提纲反映了授课内容的重点、难点，并且有条理性,因而比较重要,应记在笔记本上。

(2)问题。将未听懂的问题及时记下来,便于及时请教同学或老师,把问题弄懂弄通。

(3)疑点。如果对老师讲的内容有疑问,应及时记下,这类疑点有可能是自己理解错误造成的,也有可能是老师讲课疏忽造成的,记下来后,便于与老师讨论。

(4)方法。勤记老师讲的解题技巧、思路及方法,这对于启迪思维、开阔视野、开发智力、培养能力及提高解题水平都大有益处。

(5)总结。注意记住老师的课堂内容总结,找出重点及各部分之间的联系,掌握基本概念、公式、定理,这对于发现问题、寻找规律,融会贯通课堂内容都很有作用。

思维导图是表达发散性思维的有效图形思维工具,它根据知识点进行脉络分类,把中心主题、分支主题、子主题等各级主题的关系用相互隶属与相关的层级图表现出来,从而使学习变得更简单高效。随着HTML5技术的日趋成熟和普及,今天的网络思维导图大多设计精美、易于使用。目前,已经有很多网络思维导图软件供人们使用,如亿图脑图、Xmind、ProcessOn等。思维导图便于我们查看、编辑,是很好的学习辅助工具,如图3.1所示。

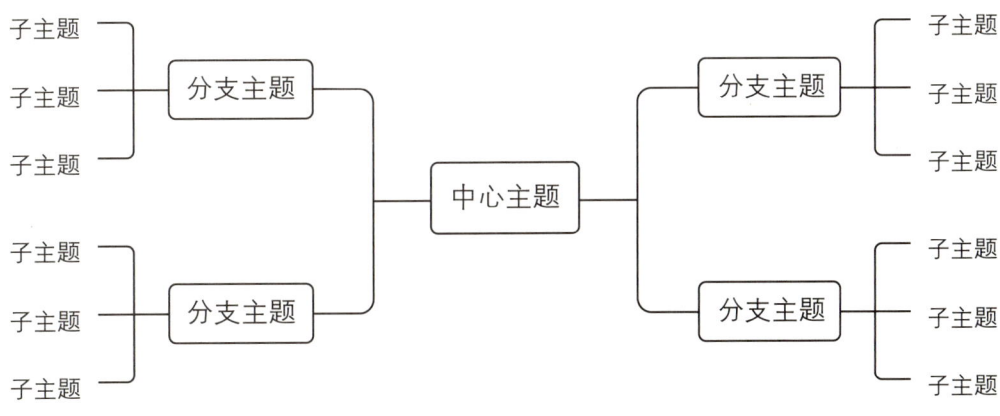

图3.1　简单的思维导图模型

3.多沟通多交流

在线上学习时,青少年要主动与老师沟通,及时反馈当天学习中遇到的困惑。

无论是课程中的问题,还是之前未掌握的知识点,都可以向老师请教。这不仅能节省时间,还能增进师生之间的感情、缓解学习的焦虑情绪、减少知识漏洞。与老师沟通时,青少年可以采用一些技巧:确保网络畅通,避免沟通过程中出现卡顿;提前整理好自己的问题,详细描述遇到的困难;认真记录老师讲解的内容,并及时消化吸收。此外,青少年还可以与同学分享学习心得,交流困惑。

4.拒绝非学习项目的诱惑

在使用手机、电脑进行在线学习时,青少年往往会接触到游戏、短视频等容易耗费时间和分散注意力的内容,要学会抵制这些诱惑,合理安排时间,多与家人沟通交流。

总之,网络的发展确实给我们的生活带来了巨大的变化。只要我们遵守网络道德和相关法规,善用网络,就能为生活带来不少便利和乐趣,同时也能提升自己的学习能力、思考能力和认识世界的能力。在这个过程中,我们应牢记"网络是一把双刃剑":网络既有积极的一面,又有消极的一面;既可以帮助我们,又可能伤害我们;人们既可以利用它帮助他人,又可能用它去伤害他人。关键在于我们如何把握和选择。

---- 思考题 ----

1.你是如何利用网络工具获取知识、辅助学习的?

2.你的网络学习效率高吗?有哪些诀窍?

3.请试着与同学或朋友交流你们的网络学习心得,更好地提高网络学习效率。

三、人工智能的使用

同学们,相信在平时的生活、学习中,我们或多或少都听说过人工智能,这是当下最热门、最时髦的词语之一。那么,到底什么是人工智能?人工智能的发展经历了哪些变化？在我们的生活中，人工智能有哪些应用场景？人工智能给我们的生活带来了哪些变化与便利？在使用人工智能的时候，我们需要注意哪些问题呢？下面，我们一起来学习人工智能的相关知识，一起来探索这些问题的答案吧！

（一）了解人工智能

1. 人工智能的概念

人工智能是计算机科学的一个重要分支，它融合了多种技术手段，旨在开发出能够执行特定任务或遵循指令的机器或软件系统。人工智能就像一个聪明的机器人助手，它能够学习、思考，并且模仿人类的行为。例如，智能手机里的语音助手能听懂你说的话，然后帮你搜索信息或者完成一些任务。

这个助手的"大脑"是由计算机程序和算法构成的，它能够从大量数据中学习，就像我们通过阅读书籍和积累经验来学习一样。随着时间的推移，它会变得越来越智能和全面，能够做更多的事情，比如识别图片中的对象、预测天气，甚至创作音乐和艺术作品。

你一定很好奇，人工智能是如何实现这些功能的，又为什么如此智能呢？我们一起来了解一下它工作的五大关键步骤吧！

（1）数据收集

人工智能系统需要大量数据来学习，这些数据可以是文本、图像、声音等形式的信息。举个例子，假设你想教一个机器人识别猫和狗的图片。首先，你得给它看很多猫和狗的照片帮助它认识这两种动物，看了大量照片后它才能区分猫和狗，这些照片就是数据。

（2）数据处理

在机器学习中，数据需要被清洗和预处理，包括去掉无用的信息、填补缺失的数据、调整数据格式等，以确保它们适合用于训练模型。也就是说，在教机器人之前，你得确保这些照片是清晰的、有用的，没有模糊或者错误的标签。

(3)模型训练

在对数据进行初步处理后,我们还需要使用算法对数据进行分析,这个过程可能包括监督学习(使用标记数据训练模型)、无监督学习(在没有标记的数据中寻找模式)和强化学习(通过奖励和惩罚来学习)。我们继续用前面的例子来说明,有了准备好的数据,就像有了学习材料,接下来就是教机器人如何学习了,这个过程就叫作模型训练。你可以告诉机器人哪些是猫的照片、哪些是狗的照片,这个过程就是监督学习。你也可以让机器人从一堆没有标签的照片中找出规律,这就是无监督学习。还有一种学习方式是强化学习,就像训练宠物一样,做对了就奖励,做错了就惩罚,让机器人学会做出正确的选择。

(4)做出预测和决策

一旦模型被训练完成,它就可以用于预测或决策。在推理过程中,人工智能系统会分析新的输入数据,并使用其学到的模式来做出预测或决策。也就是说,当机器人学会识别猫和狗后,你就可以给它看新的图片,看看它能否正确地告诉你图片上的动物是猫还是狗。

(5)反馈和迭代

人工智能系统的性能通常通过反馈循环来提高,这意味着系统会根据其预测或决策的结果来调整和改进其算法,通过不断的学习和调整,人工智能系统会变得越来越智能。还是用前面的例子来加以说明,机器人不可能一开始就百分之百正确,所以,我们需要通过反馈来帮助它不断学习和改进。如果它识别错了,我们就告诉它正确的答案,然后它会根据这些反馈来调整自己的运算方法,以此变得越来越精准。

2.人工智能的发展

如同蒸汽时代的蒸汽机、电气时代的发电机、信息时代的计算机和互联网,人工智能正在成为推动人类进入智能时代的决定性力量。然而,尽管如今的人工智能已经变得越来越智能化,它的发展也不是一蹴而就的,人工智能的发展可以分为几个阶段。

(1)早期:规则驱动的专家系统

早期的人工智能系统依赖预定义的规则和知识库来解决问题。人们给它设定了一系列规则,比如"如果天气热,就穿短袖",然后,人工智能就根据这些规则来帮助人们解决问题。但问题是,这些规则都是人提前设定好的,人工智能系统本身并不会变通。

(2)进阶:机器学习

随着时间的推移,人们发现可以让人工智能系统自行在数据中学习规则,比如给人工智能系统看很多天气和穿衣的照片,然后让它自己找出天气和穿衣之间的规律,这个过程叫作机器学习。人工智能系统通过收集大量案例进行学习,它不需要人提前告知规则,可以慢慢学会如何根据天气来选择合适的衣服。

(3)高阶:深度学习

深度学习是机器学习的一种高级形式,它用到了一种叫作神经网络的工具,这种工具通过模拟人类大脑的信息处理方式来处理更复杂的数据。你可以把神经网络想象成人工智能系统的大脑,它有很多层,每层都有很多"神经元",它们就像人脑中的神经元一样可以处理信息。

(4)最新:认知计算

这是人工智能最新的阶段,它试图让人工智能系统更像人类。认知计算不仅仅是学习规则,更是模仿人类的认知过程,包括学习、推理、感知和解决问题的能力。就像人工智能系统不仅有了大脑,还有了眼睛、耳朵和思考的能力,它可以通过观察和学习来理解世界,比以前更加"靠近"人类。

3.人工智能的应用

人工智能的目标是创建能够执行或模拟人类智能活动的系统,这些系统可以是独立的,也可以是与人类协作的。因此,人工智能的应用领域非常广泛,包括但不限于医疗、金融、教育、交通、娱乐和家庭自动化等。

(1)语音助手

语音助手就像一个私人助理,随时准备帮你完成各种任务,比如苹果的Siri、亚马逊的Alexa。你只需要说一声"嘿,Siri,明天的天气怎么样?",它就能告诉你明天的天气如何,气温是多少。或者你说"Alexa,播放我喜欢的歌曲",相应设备就能立刻播放音乐。这些助手通过理解你的语音指令,帮你打电话、设置闹钟、查信息,甚至控制家里的智能设备,让生活变得更加便捷。

(2) 智能推荐系统

你是否有过这样的经历:上网购物时,系统似乎总能猜到你想要买什么,或者在社交媒体上,平台推荐的内容总是那么合你的口味。这就是推荐系统的魔力,它通过分析你的浏览历史、购买记录和内容喜好来预测你可能感兴趣的商品或内容。这种智能的个性化推荐,不仅让用户的购物和浏览体验变得更加愉快,也为商家提供了更加精准的营销方式。

(3) 自动驾驶汽车

通过安装在车辆上的传感器,比如摄像头、雷达和激光雷达等,自动驾驶系统便能够感知周围的环境,识别行人、车辆和交通标志。结合复杂的算法,车辆就能做出决策,比如何时加速、减速或转向。如今,百度推出的自动驾驶服务平台"萝卜快跑"已经在北京、武汉、长沙、广州等城市试点运行。

(4) 医疗诊断

在医疗领域,人工智能也在发挥重要作用。通过分析医学图像,人工智能系统可以帮助医生更快、更准确地诊断疾病。此外,人工智能系统还能分析患者的医疗记录和基因数据,为患者个性化治疗提供支持。在某些情况下,人工智能系统甚至能够预测疾病的发生,从而提前采取预防措施。这些应用不仅提高了医疗效率,也为患者带来了更好的治疗体验。

(5) 自然语言处理

自然语言处理(Natural Language Processing, NLP)是人工智能的一个重要分支,它让机器能够理解和生成人类语言。在翻译领域,NLP工具能够实时翻译不同语言的对话,打破语言障碍。在内容创作领域,NLP工具可以帮助人们生成新闻报道、文章摘要、诗歌和小说等。在客户服务领域,NLP工具能够让聊天机器人与用户进行自然对话,提供咨询意见和解决问题。这些应用展示了人工智能在理解和生成语言方面的巨大潜力。

随着技术的发展,人工智能的定义和能力也在不断扩展和演变。人工智能的目标是帮助人类,让生活变得更加便捷和有趣。尽管人工智能已经从各个方面给我们带来了改变,却仍然无法完全代替人类,它没有情感,也不会感到疲倦,它只是按照程序员设定的规则和学到的知识开展工作。

(二) 人工智能应用

昔日,教育的重心在于传授基础知识和技能。然而,随着数字时代的到来,教育的焦点已悄然转变,更加聚焦于培养学生的创新思维和科学素养。人工智能作为推动新一轮科技革命和产业变革的重要动力,正在深刻地影响中小学教育的方式。它不仅改变了教师的教学模式,也在重新定义学生的学习体验。如今人工智能技术已逐步融入教育管理的各个方面,成为中小学阶段重要的辅助工具之一。

1.青少年使用人工智能的几种方式

(1)编程教育的普及

在数字化时代,编程不仅是一项技能,更是理解和掌握新一代信息技术的核心工具。青少年的编程教育将直接影响未来社会的创新能力。正因如此,教育部已将编程教育纳入中小学课程体系。通过学习如Python、Scratch等编程语言,学生不仅能够培养逻辑思维,还能够初步了解人工智能和数据处理的基本概念。

①编程语言学习:人工智能驱动的教育平台为学生提供了趣味化、游戏化的编程学习体验。

> **案例分享**
>
> 编程猫(Codemao)是点猫科技以学术引领教研而创立的编程教育品牌,主要为7—16岁青少年提供线上线下相结合的编程教育服务,是一个面向青少年的编程教育平台。编程猫提供图形化编程工具和课程,使用人工智能技术来辅助教学和评估学生的学习进度。

②机器学习入门：通过引导学生创建简单的机器学习模型，使他们了解人工智能算法的基本工作原理，如训练人工智能识别图像或预测数据的趋势，从而加深学生对人工智能的理解。

（2）人工智能辅助的个性化学习

人工智能不仅在编程教育方面发挥了重要作用，还在个性化学习路径和智能辅导中大展身手。通过分析学生的学习行为和成绩，人工智能系统能够识别学生的学习强项与弱点，并基于此推荐适合学生个体的学习内容。

①个性化学习路径：人工智能系统可以根据每个学生的学习习惯、学习进度和理解能力，为其提供个性化的学习计划。智能辅导系统能够分析学生的学习数据，识别他们的强项和弱点，然后推荐适合他们的学习材料和练习题。

> **案例分享**
>
> "好未来"和"猿辅导"平台利用人工智能算法分析学生的学习行为和成绩，为学生推荐个性化的学习资源和课程，确保每个学生都能获得适合自己学习需求的内容。"作业帮"等平台则通过分析学生的学习历史和能力，为学生规划个性化的学习路径，帮助他们更高效地掌握知识点。

②智能辅导：人工智能辅导工具区别于人工辅导，它可以提供24小时×7天的全天候学习支持，尤其是在课后复习和难点巩固方面发挥关键作用。这些工具还能够通过交互式问答和模拟测试，帮助学生更好地理解复杂概念，并提供即时的学习支持。

> **案例分享**
>
> 科大讯飞是中国领先的智能语音和人工智能企业，它开发了多种教育产品，包括智能教学助手和语言评估系统，帮助教师和学生提高教学和学习效率。

③学习分析：通过分析学生的学习行为和成绩，人工智能系统可以帮助教师和家长了解学生的学习状态，从而及时调整教学方法和学习策略。

> **案例分享**
>
> "松鼠AI"通过实时分析学生的答题情况，自动调整后续题目的难度。"掌门1对1"利用情感分析技术来识别学生的学习情绪，通过激励机制提高学生的学习动力和参与度。

（3）语言学习的智能化

人工智能技术在语言学习领域的应用也大大提升了学生的学习效果。人工智能的语音识别和自然语言处理技术，可以帮助学生进行多语言学习，提高他们的听力水平和口语能力。

①语音识别技术：人工智能的语音识别技术可以帮助学生练习发音和听力，通过实时反馈纠正错误。

②自然语言处理：利用NLP技术，学生可以与人工智能进行对话练习，提高口语交流能力。人工智能甚至可以模拟不同语言环境下的对话，让学生在模拟的母语环境中练习口语。

③个性化语言课程：根据学生的母语和学习进度，为学生提供定制化的语言学习课程，学习内容包括词汇、语法和文化背景等。

> **案例分享**
>
> 流利说是一个使用人工智能技术帮助用户学习英语的平台，它通过语音识别和自然语言处理技术来提供个性化的口语练习和反馈。

2.人工智能对青少年网络文明素养的促进作用

随着互联网和数字技术的迅速发展，青少年的网络文明素养显得尤为重要。人工智能作为一项前沿技术，正在通过多种方式提升青少年的网络文明素养，帮助他们更安全、健康地使用网络。

（1）智能教育工具的使用

人工智能驱动的教育工具正在深刻改变着传统的学习方式，通过个性化学习平台、虚拟老师和自适应学习软件，人工智能系统可以根据青少年的学习需求和进度定制课程内容。例如，人工智能系统可以通过分析学习数据来识别青少年的学习薄弱点，从而向他们推荐相关的学习资源，帮助他们更好地理解网络礼仪和数字安全。此外，虚拟现实（VR）和增强现实（AR）技术的融合，能够模拟真实的网络环境，提供沉浸式教育体验，让青少年在虚拟情境中学习如何正确应对网络欺凌、虚假信息等问题。这不仅可以提升学习的趣味性，还可以让青少年在实践中掌握必要的技能。

（2）内容过滤与监督

人工智能系统在内容过滤和监督方面的应用，有效地保障了青少年的网络安全，从而帮助他们形成健康的上网习惯。智能算法可以实时监控和分析网络内容，自动屏蔽不良信息，如暴力信息、色情信息和虚假新闻等。此外，人工智能系统还能识别网络欺凌和恶意评论，通过语义分析检测有害言论，并迅速采取措施，如提醒发言者、限制评论权限或通知平台管理员。通过这些手段，人工智能系统不仅降低了青少年接触有害信息的风险，还在无形中培养了他们分辨不良内容的能力。人工智能系统还可以帮助家长和老师更好地监督青少年的网络活动，提供详细的使用报告，从而引导青少年养成良好的上网习惯。

（3）优化社交平台

社交平台是青少年网络生活的重要组成部分，但同时也存在着诸多不文明的现象。人工智能系统通过优化社交平台，在提升用户体验的同时，也在引导青少年形成正面的网络行为。首先，人工智能系统可以根据用户的兴趣和行为数据推荐正能量内容，帮助青少年接触更多积极、有益的信息。其次，人工智能系统能够优化评论区的管理，通过智能审查和过滤不良评论，创造更友好的交流环境。最后，人工智能系统能为青少年提供在线心理辅导和情绪监测服务，帮助他们在社交过程中及时调整心态，避免因网络冲突而引发心理问题。通过这些优化措施，人工智能系统不仅提升了社交平台的健康度，也在潜移默化中培养了青少年的网络文明素养。

总的来说，人们利用人工智能技术，通过使用智能教育工具、内容过滤与监督以及优化社交平台，可以为青少年提供一个更安全、更积极的网络环境。这些措施不仅可以提升他们的网络文明素养，还可以帮助他们更好地适应数字社会。未来，随着人工智能技术的不断进步，其在青少年网络文明素养教育中的作用将越发重要。

思考题

请和你的朋友、同学讨论一下你们都用过哪些人工智能产品或工具，感受是怎样的，它们给你的学习和生活带来了哪些改变。

经过两年的努力，这本旨在提升青少年网络文明素养的图书终于编写完成。编写本书的初衷是为青少年提供一本全面了解网络、理性认识网络、批判性地观察网络信息、掌握上网基本技巧的实用指南，以帮助他们更好地将网络服务于生活和学习。考虑到主要读者是中学生，我们在编写过程中力求语言通俗易懂，并结合实际案例进行讲解，以激发青少年的阅读兴趣，让青少年愿意读，读了后容易理解，理解后能够将所学知识转化为自己的认识，规范自己的网络行为。

虽然本书定位为通俗读物，不追求学术性与理论性，但鉴于其对青少年心理健康成长的重要影响，以及在塑造他们网络认知框架方面的作用，我们在写作过程中非常谨慎，努力确保知识的准确性，力求在生动性、通俗性与准确性、规范性之间找到平衡。这一过程对我们来说还是有一些难度的。从策划到完成，本书的编写历经两年时间，期间断断续续，但这种间断正是我们不断思考与完善的过程。即便如今本书即将出版，我们仍对是否精准把握内容而感到惴惴不安。

在本书的编写过程中，我指导的多位研究生同学参与了写作，具体分工如下：

第一篇"认识网络及网络文明"（吴欣易、刘永猛）；

第二篇"网络文明失范行为及防范"（胡琪悦、蒋美玲、李诗雨、余静蕾）；

第三篇"网络服务生活和学习"（吴沛格、姜艾哲）。

在本书后期编校工作中，蒋美玲同学已参加工作，她一边应对繁忙的工作，一边抽出时间参与校对，付出了大量劳动。在此，我对参与本书编写的同学们表示衷心的感谢。

本书的出版离不开海南省教育厅和共青团海南省委相关处室领导的关心与支持。中国传媒大学出版社编辑程平的督促与提醒让本书的编写始终保持在线状态。编辑们在编校及其他事务工作中展现出的敬业精神和专业素养令人钦佩，在此对她们的辛勤付出表示感谢。

2024年12月30日